Nameirakpam Irabanta Singh
Romesh Sagolshemcha

Mimosa da água para o desenvolvimento sustentável no Sul e Sudeste Asiático oriental

Nameirakpam Irabanta Singh
Romesh Sagolshemcha

Mimosa da água para o desenvolvimento sustentável no Sul e Sudeste Asiático oriental

Fixação de N2 por bactérias do nódulo radicular de Neptunia e seu cultivo

ScienciaScripts

Imprint

Cover image: www.ingimage.com

This book is a translation from the original published under ISBN 978-620-7-46507-1.

Publisher:
Sciencia Scripts
is a trademark of
Dodo Books Indian Ocean Ltd. and OmniScriptum S.R.L publishing group

120 High Road, East Finchley, London, N2 9ED, United Kingdom
Str. Armeneasca 28/1, office 1, Chisinau MD-2012, Republic of Moldova, Europe
Printed at: see last page
ISBN: 978-620-7-76809-7

Conteúdo

PREFÁCIO

A NHPC (National Hydroelectric power corporation) tem vindo a explorar o projeto desde a sua entrada em funcionamento em 4th junho de 1983, juntamente com a barragem de Ithai. A barragem de Ithai, destinada à produção de eletricidade, foi construída num ponto não estratégico e não científico do rio Manipur, ou seja, após a influência do rio Manipur no rio Khuja, de modo a devastar o futuro das gerações de Manipur. O impacto da barragem de Ithai não se limita apenas à submersão de terras agrícolas e à destruição dos meios de subsistência das populações. A barragem de Ithai tem sido responsável por uma série de inundações em Manipur. A NHPC, em várias ocasiões, recusou-se a abrir a comporta da barragem de Ithai, o que levou à submersão generalizada de áreas agrícolas e desequilibrou o ecossistema do lago (Jugindro Singh, 2018).
Um esquema de investigação intitulado "Desenvolvimento de tecnologia para a propagação em massa de Mimosa d'água [*Neptunia prostrata* (Lam.) Baill....] as Vegetables for Sustainable Income Generation by the Weaker Section in Manipur" que foi submetido ao Conselho de Investigação Científica e Industrial (CSIR), Nova Deli e o mesmo foi patrocinado por um período de 3 anos (2006 a 2009) com o Prof. N. Irabanta Singh, Investigador Principal, Prof. A. Ibopishak Singh e Prof. A. Herojit Singh, CAU, Imphal como Co-Investigadores Principais vide Research Grant No. 38(1136)06/EMR- II Dt. 23/08/2006. Foi elaborada uma tese de doutoramento sobre este tema. O tema da tese é "Certos Aspectos Biotecnológicos da Simbiose Nódulo-Raiz de *Neptuniaprostrata* (Lam.) Baill. - Root Nodule Symbiosis and its Pest Management in Manipur" por Romesh Sagolshemcha (2012). Agradecimentos ao CSIR, Nova Deli, pelo financiamento do projeto.
B.B. Gupta, Diretor, e ao seu pessoal, a saber, Dr. B. Dkhar, responsável científico, A. Shodap, assistente técnico sénior, J.P. Nongkynrih, assistente técnico sénior, Unidade TEM, Sophisticated Analytical Instrument Facilities (SAIF), North-Eastern Hill University, Shillong - 793022, Meghalaya, por nos permitirem utilizar as faculdades do Microscópio Eletrónico de Transmissão e do Microscópio Eletrónico de Varrimento para o nosso trabalho de investigação.
O presente livro intitulado "Water Mimosa for Sustainable Development in Eastern South and South East Asia - N2 Fixation by Root Nodule Bacteria of Neptunia and its Cultivation, Pest Management, Health Benefits and Income Generation" é o resultado do esquema de investigação acima referido e da tese de doutoramento do autor júnior. A planta cresce de forma selvagem e é cultivada como vegetal em todo o mundo
Sudeste Asiático, nomeadamente na Indochina e na Tailândia (Paisooksantivatana, 1993).

As informações mais recentes sobre a mimosa aquática para o desenvolvimento sustentável no Leste e Sudeste Asiático foram incorporadas a partir dos seguintes artigos. 1) O cultivo intercalar de arroz e mimosa aquática pode fixar e transferir nitrogénio para o arroz (Z. Hei; H. Xiang; J. Zhang; K. Liang; X. Ren; Y. Sun e R. Wu. *J. Sci. food Agri.* 2022, 102: 156-166); 2) Melhorar o rendimento e a qualidade dos grãos, reduzindo a aplicação de fertilizantes N (Z. Hei; H. Xiang; J. Zhang; K. Liang; J. Zhong; M. Li e X. Ren, *Agricultura* 2022 - 2/3 https/doi.org/10.3390/agriculture 12010013); 3) O cultivo intercalar de arroz com Mimosa d'água (*Neptunia oleracea* Lour.) pode facilitar a utilização do N do solo e aliviar a perda aparente de N (Z. Hei; H. Xiang; J. Zhang; K. Liang; J. Zhong; M. Li e Y. Lu, 2021). *Agricultura, Ecossistemas e Meio Ambiente* vol. 313, 15 de junho de 2021 107378); 4) O cultivo misto de arroz e Mimosa d'água (*Neptunia oleracea* Lour.) aumenta a eficiência fotossintética do arroz, o rendimento, a qualidade dos grãos e os nutrientes disponíveis no solo (Z. Hei; H. Xiang; J. Zhang; K. Liang; J. Zhong; M. Li e X. Ren, *J. Sci. Food Agri.* 2022. www.soci.org Sociedade da Indústria Química).

As quantidades consideráveis e o valor das plantas aquáticas comestíveis cultivadas nas cidades do Sudeste Asiático não são medidas ou incluídas nas estatísticas anuais da FAO sobre a produção aquícola. Isto apesar de criar rendimento e emprego para um número significativo de famílias peri-urbanas, em muitos casos reciclando e tratando as águas residuais urbanas, ao mesmo tempo que produz um alimento verde e nutritivo que é consumido diariamente por milhões de habitantes urbanos nestas cidades (PAPUSSA, IC4A-CT-2002-10020). Consultámos livremente "A users manual for the cultivation of commercially important Edible Aquatic Plants in and around 4 cities in SE Asia: Bangkok (Tailândia), Hanoi (Vietname), Ho chi Minh City (Vietname) e Phnom Penh (Combodia)" Preparado por PAPUSSA (Production in Aquatic Peri-Urban System in South East Asia) INCO. Projectos de Cooperação Científica Internacional (1998 - 2002) Vide Contrato Número ICA4-CT-2002-10020.

Para os benefícios para a saúde de Water Mimosa, incorporámos os últimos trabalhos realizados por vários trabalhadores. Por exemplo: Capítulo 4.1. Isolamento dos compostos fenólicos da *Neptunia oleracea* seguido da avaliação da sua bioatividade e análise quantitativa. Para tal, adoptámos o trabalho realizado por Lee, S.Y.; Ismail, I.S.; Ang, EL e Abas, F. de Selangor, Malásia, no seu artigo "Antioxidant, a glucosidase inhibitory activities and HPLC quantitative analysis of phenolic compound isolated from *Neptunia oleracea* Lour. publicado no *International Food Research Journal* 26(2): 679-688 (abril, 2019).

O capítulo 4.2. A atividade anticancerígena dos extractos metanólicos de

Neptunia oleracea é também adoptada do artigo de Archana Bhumireddy, Kavitha Nellore e KS. Alapali publicado em *Natural Product Research Formerly Natural Product Letters* Vol. 36, 2022 issue 4.
Capítulo 4.3. *Neptunia prostrata*: A source of Herbal medicine of Ethnopharmacological importance é também adotado do artigo "An overview of *Neptunia prostrata*: A Source of Herbal Medicine of Ethnopharmacalogical Importance" publicado no *Global Journal of Pharmacy and Pharmaceutical Science* ISSN: 2573-2250. Vol. 2 Issue 1 - April 2017 publicado por Ghosh, R., Tajo, H. e Acharya, P.C. do Departamento de Farmácia, Universidade de Tripura, Índia. Estamos em dívida para com os autores acima referidos pela utilização dos seus dados de investigação.
Para conhecer os benefícios económicos e as utilizações da mimosa aquática, analisámos a literatura publicada disponível. Estamos gratos a todos esses autores. O autor sénior está grato aos voluntários que participaram nos programas de sensibilização. Agradecemos também à M/S LEMBERT - Academic Publishing, Alemanha, pela publicação do livro num curto espaço de tempo. Por último, mas não menos importante, os agradecimentos são devidos a Laimayum Subashchandra Sharma, Multi-Task Staff (MTS), Nibiaa Devices Pvt. Ltd., L.I. Shopping complex, Singjamei bazar, Imphal - 795008 (Manipur) pelo seu eficiente trabalho de composição tipográfica no MSS do livro.

- Prof. **N. Irabanta Singh**

INTRODUÇÃO

Ásia do Sul Oriental

A Ásia do Sul Oriental é uma sub-região da Ásia do Sul. Inclui os países do Bangladesh, Butão, Índia (especificamente a Índia Oriental e o Nordeste da Índia) e Nepal. Geograficamente, situa-se entre os Himalaias Orientais e a Baía de Bengala. Dois dos maiores rios do mundo, o Ganges e o Brahmaputra, correm para o mar através do Leste da Ásia do Sul. A região inclui o terreno montanhoso mais alto do mundo e o maior delta do mundo, e tem um clima que varia entre alpino e subalpino, subtropical e tropical. Dado que o Nepal, o Butão e o nordeste da Índia não têm acesso ao mar, as costas do Bangladesh e da Índia Oriental constituem as principais portas de entrada para a região.

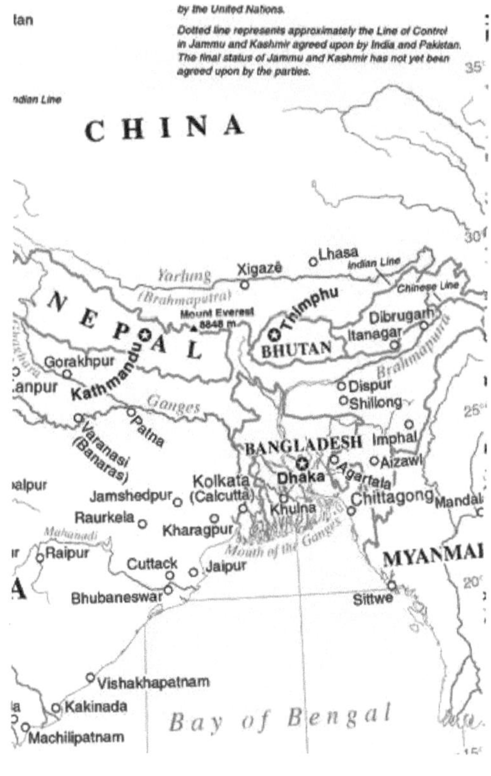

Fig. 1.1: Mapa da Ásia do Sul Oriental

Com mais de 441 milhões de habitantes, a Ásia do Sul Oriental alberga 6% da população mundial e 25% da população do Sul da Ásia. A Iniciativa Bangladesh, Butão, Índia e Nepal promove a integração económica na região. Os quatro países são membros da Associação da Ásia do Sul para a Cooperação Regional e da Iniciativa da Baía de Bengala para a Cooperação Técnica e Económica Multissectorial.

A Província de Yunnan e a Região Autónoma do Tibete da República Popular da China (RPC) e Myanmar são regiões histórica, económica e culturalmente interdependentes na Ásia do Sul Oriental. O Fórum Bangladesh-China-Índia-Mianmar estabeleceu um corredor económico na região.

Geografia e clima

Nordeste da Índia

A região sem litoral do Nordeste da Índia inclui os estados de Assam, Arunachal radesh, Mizoram, Manipur, Meghalaya, Nagaland, Sikkim e Tripura. Tem fronteiras terrestres com a China, Myanmar, Butão e Bangladesh. A região é geralmente classificada em Himalaias Orientais, Brahmaputra e planícies do vale do Barak. O Nordeste da Índia tem um clima predominantemente subtropical húmido, com verões quentes e húmidos, monções rigorosas e invernos suaves. A região é coberta pelo poderoso rio Brahmaputra-

Sistemas do rio Barak e seus afluentes. Geograficamente, para além da

Os restantes dois terços da área são terrenos montanhosos intercalados por vales e planícies; a altitude varia entre quase o nível do mar e mais de 7.000 metros acima do nível médio do mar. A elevada pluviosidade da região, com uma média de cerca de 10 000 milímetros (390 in) ou mais, cria problemas de ecossistema, elevada atividade sísmica e inundações. Os Estados de Arunachal Pradesh e

O Sikkim tem um clima montanhoso com invernos frios e nevados e verões amenos.

(Fonte: Wikipedia)

Sudeste Asiático

Fig. 1.2: Mapa do Sudeste Asiático

O Sudeste Asiático está geograficamente dividido em duas sub-regiões, nomeadamente o Sudeste Asiático continental (ou a Península Indochinesa) e o Sudeste Asiático marítimo.

O Sudeste Asiático continental inclui: Camboja, Laos, Myanmar (Birmânia), Malásia Peninsular, Tailândia e Vietname.

O Sudeste Asiático marítimo inclui: Brunei, Malásia Oriental, Timor-Leste, Indonésia, Filipinas, Singapura.

Embora a Malásia Peninsular esteja geograficamente situada no Sudeste Asiático Continental, partilha muitas afinidades culturais e ecológicas semelhantes com as ilhas circundantes, pelo que é frequentemente agrupada com elas como parte do Sudeste Asiático Marítimo. Geograficamente, as ilhas Andaman e Nicobar da Índia também são consideradas parte do Sudeste Asiático Marítimo. O Bangladesh oriental e o Nordeste da Índia têm fortes laços culturais com o Sudeste Asiático continental e são por vezes considerados áreas transregionais entre o Sul da Ásia e o Sudeste Asiático. A leste, Hong Kong é por vezes considerada como parte do Sudeste Asiático. Do mesmo modo, a Ilha Christmas e as Ilhas Cocos (Keeling) têm fortes laços culturais com o Sudeste Asiático Marítimo e são por vezes consideradas áreas transregionais entre o Sudeste Asiático e a Austrália/Oceânia. Nalgumas ocasiões, o Sri Lanka foi considerado parte do Sudeste Asiático devido aos seus laços culturais e religiosos com o Sudeste Asiático continental.[17][42] A metade oriental da ilha da

Nova Guiné, que não faz parte da Indonésia, nomeadamente a Papua-Nova Guiné, é por vezes incluída como parte do Sudeste Asiático Marítimo, assim como Guam, as Ilhas Marianas do Norte e Palau, que faziam parte das Índias Orientais Espanholas com fortes laços culturais e linguísticos com a região, nomeadamente as Filipinas.

Timor-Leste e a metade oriental da Indonésia (a leste da linha Wallace, na região de Wallacea) são considerados geograficamente associados à Oceânia devido às suas características faunísticas distintas. Geologicamente, a ilha da Nova Guiné e as ilhas circundantes são consideradas como partes do continente australiano, ligadas através da plataforma de Sahul. Tanto a ilha do Natal como as ilhas Cocos (Keeling) estão localizadas na placa australiana, a sul da fossa de Sunda. Apesar de estarem geograficamente mais próximas do Sudeste Asiático Marítimo do que da Austrália continental, estes dois territórios externos australianos não estão geologicamente associados à Ásia, uma vez que nenhum deles se encontra efetivamente na placa de Sunda. O geo-esquema das Nações Unidas classificou ambos os territórios insulares como partes da Oceânia, na sub-região da Austrália e Nova Zelândia (Australásia).

Algumas definições de Sudeste Asiático podem incluir Taiwan. Taiwan foi por vezes incluída no Sudeste Asiático e na Ásia Oriental, mas não é membro da ASEAN. Da mesma forma, um argumento semelhante poderia ser aplicado a algumas partes do sul da China continental, bem como a Hong Kong e Macau, que também podem ser consideradas como parte do Sudeste Asiático e da Ásia Oriental, mas não são membros da ASEAN.

Clima

A maior parte do Sudeste Asiático tem um clima tropical quente e húmido durante todo o ano, com chuvas abundantes. No entanto, o Norte do Vietname (incluindo Hanói) é a região subtropical e a região é por vezes influenciada por ondas de frio que se deslocam do Nordeste; em geral, as ondas de frio também podem influenciar parte do Sudeste Asiático. A maior parte do Sudeste Asiático tem uma estação húmida e uma estação seca causadas por mudanças sazonais dos ventos ou monções. A cintura de chuva tropical provoca precipitação adicional durante a estação das monções. A floresta tropical é a segunda maior da Terra (sendo a floresta amazónica a maior). As excepções a este clima e vegetação de floresta tropical são:

1. As zonas montanhosas da região norte e as ilhas mais altas, onde as grandes altitudes conduzem a temperaturas mais amenas.

2. A "zona seca" do centro de Myanmar, na sombra das montanhas Arakan, onde a precipitação anual pode atingir os 600 milímetros ou 24 polegadas, o que, com as temperaturas quentes que prevalecem, é suficientemente seco para

ser classificado como semi-árido.
O Sudeste Asiático é uma das regiões mais vulneráveis às alterações climáticas no mundo. As alterações climáticas terão um grande efeito na agricultura do Sudeste Asiático, uma vez que os sistemas de irrigação serão afectados por alterações na precipitação e no escoamento e, consequentemente, na qualidade e no abastecimento de água. É igualmente provável que as alterações climáticas representem uma séria ameaça para o sector das pescas no Sudeste Asiático. Apesar de ser uma das regiões mais vulneráveis aos efeitos das alterações climáticas no mundo, os países do Sudeste Asiático estão atrasados em termos de medidas de atenuação das alterações climáticas. (Fonte: Wikipedia)

A cultura intercalar de arroz e de mimosa aquática pode fixar e transferir azoto para o arroz

Foi realizada uma experiência em vaso para investigar a utilização do N e a interação do N entre o arroz e a mimosa aquática (*Neptunia oleracea* Lour.) num sistema de culturas intercalares (Hei et al., 2022). Os padrões de barreira radicular consistiram em tratamentos com barreira sólida (SB), barreira de malha (MB) e sem barreira (NB). As taxas de aplicação de fertilizantes N foram baixas, médias e altas taxas de N. O resultado mostrou que a
O tratamento NB facilitou melhor o crescimento do arroz em comparação com os tratamentos MB e SB. E o teor de nitrato de N e a atividade da urease do solo rizosférico do arroz no tratamento NB foram os mais elevados dos três padrões separados. O teor de N de amónio no solo rizosférico da mimosa aquática e a fixação de N2 da mimosa aquática foram classificados como NB > MB > SB. A quantidade de fixação de N pela mimosa aquática foi de 4,38-13,64 mg/pot, e a transferência de N da mimosa aquática para o arroz foi de 3,979,54 mg/pot. Isto pode promover o crescimento do arroz e reduzir a aplicação de fertilizante N. Sugerimos que o sistema de cultivo intercalar arroz-mimosa d'água é uma abordagem agrícola ecológica sustentável e pode ser aplicado no campo para facilitar a produção de arroz (Hei et al., 2022).

Melhorar o rendimento e a qualidade dos grãos, reduzindo a aplicação de fertilizantes N

Foram utilizados dois padrões de cultivo, incluindo a cultura intercalar de arroz e mimosa aquática e a monocultura de arroz, e três níveis de aplicação de fertilizantes azotados (N), incluindo níveis de N zero (ZN, 0 kg ha^{1} N), N reduzido (RN, 140 kg ha^{1} N) e N convencional (CN, 180 kg ha $_{1}$ N), foram aplicados para os dois padrões de cultivo acima referidos. Os resultados mostraram que a cultura intercalar arroz/mimosa d'água aumentou o rendimento do arroz por unidade em 43,00%~53,10% no final da estação de 2018 e 21,40%~26,18% no início da estação de 2019. (Hei et al., 2022). Eles sugeriram que a combinação de arroz / mimosa aquática intercalar e redução de fertilizantes N pode ser usada como uma técnica ecológica ecológica, pois pode diminuir a aplicação de fertilizantes N em aproximadamente 40 hg ^ ha ı. (Hei et al., 2022).

A cultura intercalar de arroz com mimosa aquática (*Neptunia oleracea* Lour.) pode facilitar a utilização do N do solo e atenuar as perdas aparentes de N

Foi efectuada uma experiência de campo para investigar o balanço aparente de N em sistemas de cultivo intercalar de arroz e mimosa aquática (Neptunia *oleracea* Lour.). Tratamentos de padrão de plantio, incluindo monocultura de arroz e consórcio arroz/mimosa d'água, foram empregados no arrozal, e três níveis de aplicação de fertilizante N, zero N (ZN, 0 kg ha ı N), N reduzido (RN, 140 kg ha ı N), e N convencional (CN, 180 kg ha ı N), foram aplicados para os dois padrões de plantio. Os resultados mostraram que, em comparação com o monocultivo de arroz, os indicadores de crescimento do arroz eram mais elevados no sistema de cultivo intercalar de arroz e mimosa aquática. O fertilizante N facilitou o crescimento do arroz, e a mimosa aquática cresceu melhor, mas reduziu a produtividade parcial do fator arroz. Em particular, a eficiência da fixação biológica de N da mimosa aquática foi a mais elevada no tratamento com N reduzido. Além disso, os nutrientes N do solo nos tratamentos intercalares de arroz e mimosa aquática foram superiores aos dos tratamentos de monocultura de arroz. Em contraste, a perda aparente de N nos tratamentos de monocultura foi maior do que nos tratamentos de consociação, e também aumentou com mais fertilizante N aplicado. Assim, o cultivo intercalar com mimosa aquática pode promover o crescimento do arroz, aumentar a entrada de N, melhorar os nutrientes N do solo e reduzir a perda de N. Além disso, com base no desempenho do tratamento de monocultura de arroz sob o nível convencional de N e do tratamento de consórcio arroz/meimosa d'água sob o nível reduzido de N no crescimento da cultura, fixação de N, nutrientes de N do solo, mineralização e perda de N. Sugerem que a cultura intercalar arroz/água mimosa com um nível reduzido de aplicação de N é uma escolha muito melhor. (Hei et al., 2021)

A cultura mista de arroz e mimosa d'água (*Neptunia oleracea* Lour.) aumenta a eficiência fotossintética do arroz, o rendimento, a qualidade dos grãos e os nutrientes disponíveis no solo

A mimosa aquática (*Neptunia oleracea* Lour.) foi introduzida e foi realizada uma experiência de campo relacionada com duas estações (no início e no final de 2019) para explorar os efeitos da cultura mista arroz/ mimosa aquática no crescimento do arroz, rendimento, qualidade dos grãos e nutrientes do solo. Os resultados mostraram que o arroz cresceu melhor com maior altura, número de perfilhos, teor de clorofila, eficiência fotossintética real, eficiência fotoquímica máxima e coeficiente de extinção fotoquímica nos tratamentos de cultura intercalar e de cultura mista. Além disso, os tratamentos de culturas intercalares e mistas aumentaram a absorção de nutrientes de azoto (N) em 11,8924,42%, fósforo (P) em 17,75-36,61% e potássio (K) em 19,22-47,44%, e o rendimento do arroz em 19,9% e 21,8%. Por outro lado, o coeficiente de extinção não-fotoquímica (NPQ), o grau de giz e a taxa de giz do arroz foram menores nos tratamentos de culturas intercalares e mistas em relação aos tratamentos de monocultura. Nomeadamente, os teores de N alcalino-hidrolisável do solo (AN), P disponível (AP) e K (AK) foram os mais elevados nos tratamentos de cultura mista entre os três sistemas de cultura. Sugerem que a cultura mista de arroz e mimosa aquática é um sistema agroecológico amigo do ambiente com uma produção mais elevada e que pode ser alargado à produção de arroz verde e amplamente aplicado nos arrozais. (Hei et al., 2022)

Cultivo de Mimosa aquática em 4 cidades do Sudeste Asiático e arredores

1. As quantidades consideráveis e o valor das plantas aquáticas comestíveis cultivadas nas cidades do Sudeste Asiático não são medidas ou incluídas nas estatísticas anuais da FAO para a produção aquícola (Production in Aquatic Periiurban Systems in SE Asia, - IC4A-CT-2002-10020). O manual foi preparado pelo pessoal da Papussa em i) Banguecoque (Tailândia), ii) Hanói (Vietname), Cidade de Ho Chi Minh (Vietname) e Phnom Penh (Combodja). [(PAPUSSA, 2003) (Contrato No.: ICA4-CT2002- 10020) Página inicial do projeto: http://www.papussa.org]

I. Cultivo de Mimosa aquática em Bankok e arredores (Tailândia)

A mimosa aquática é um dos mais importantes vegetais nativos tailandeses ou plantas aquáticas que têm estado envolvidos na vida dos tailandeses desde o passado. A técnica de cultivo intensivo de mimosa aquática em Bankok periurbano é descrita a seguir:

1. Preparação do terreno

A técnica aplicada para a preparação do terreno é semelhante à técnica utilizada nos arrozais. Após a colheita da cultura anterior, o campo é seco ao sol durante pelo menos 7 dias. Em seguida, o solo é lavrado e fragmentado em partículas mais pequenas. A água é então bombeada ou introduzida por gravidade no campo até um nível de água de 5-10 cm. Passados cerca de 5-6 dias, o campo é novamente lavrado durante um dia e a água é depois descarregada. Recomenda-se a transplantação de mimosas aquáticas jovens no dia seguinte (figura 1.3.1).

Figura 1.3.1: Preparação do campo de arroz mostrando as fileiras de caules de mimosa aquática em feixes após a transplantação.

2. Método de cultivo

Um feixe de caules jovens (parte superior da planta) de mimosa aquática (3-5 copas) de 1 metro de comprimento é transplantado para o solo a uma profundidade de 6-7 cm. A distância entre os feixes e as linhas deve ser de 2 x 2 m^2 . É preferível um padrão em linha reta. O solo fixado na parte inferior deve ser pressionado adequadamente. No dia seguinte à plantação, a água é bombeada para o campo com um motor a gasóleo (Figura 1.3.2) a uma profundidade de 10-15 cm, permitindo que as partes superiores dos caules flutuem na superfície da água.

Figura 1.3.2: Motor diesel utilizado para bombear água para dentro e para fora do campo de arroz.

2.3 Fertilização e gestão

Uma fórmula de fertilizantes químicos 25-7-7, 16-20-0 ou 18-12-6 com a taxa de aplicação de 50 kg por rai (312 kg/hectare) pode então ser aplicada semanalmente no dia seguinte a cada colheita, geralmente de manhã cedo. A aplicação é efectuada pelo proprietário da exploração ou por trabalhadores, no caso de grandes áreas de cultivo. No caso de aumentar o crescimento da porção superior, o fertilizante de ureia pode ser mais difundido com a taxa de 3-5 kg por rai (19-30kg/hectare) semanalmente. A frequência da fertilização e dos produtos químicos utilizados é praticada regularmente após cada dia de colheita, que é estimado em intervalos de uma semana. Os produtos químicos também são utilizados para controlar insectos e doenças. A adição ou descarga de água pode ser gradualmente aumentada semanalmente até atingir 60 cm num período de 1-1,5 meses, sendo depois mantida a este nível até à colheita. Durante o período de cultivo, permite-se que a lentilha de água flutuante cresça e cubra densamente a superfície da água (Figura 1.3.3). Os restos de lentilha d'água ligados aos caules originais da mimosa d'água para transplante e alguma lentilha d'água deixada durante a cultura anterior são a principal fonte da floração da lentilha d'água durante o período de cultivo. Este facto constitui um benefício para a mimosa aquática, ajudando a branquear os caules da planta, o que é preferido pelos consumidores.

Figura 1.3.3: Mimosa aquática a crescer juntamente com lentilha d'água durante o período de cultivo.

2.4 Colheita e acondicionamento

A mimosa aquática pode ser colhida pela primeira vez a partir da terceira semana após a transplantação e depois pode ser colhida regularmente uma vez por semana no período seguinte (Figura 1.3.4). O período total de crescimento da mimosa aquática é de cerca de 75-90 dias. Durante este período, devido ao rápido crescimento dos caules, as plantas podem ser colhidas 11-12 vezes. Para a colheita, recomenda-se cortar os caules com uma faca a cerca de 1 metro do ápice (ponta) da planta. O rendimento bruto total é estimado em 6.000-7.500 kg/rai ou 37,50-46,87* toneladas/ha. durante todo o período de cultivo ou 112,5-140,6 toneladas/ha/ano. Após o corte, um conjunto de 10 caules colhidos é colocado num pequeno feixe. Cerca de 25 destes pequenos feixes são embalados num feixe maior (12-15 kg) e depois envolvidos com uma folha de plástico (Figuras 1.3.5 e 1.3.6). Em algumas zonas de produção, recomenda-se mergulhar os molhos de mimosa aquática limpos numa solução de alúmen (2-5 kg/100 litros de água) antes de os embalar (Figura 1.3.7).

Figura 1.3.4: Um grupo de agricultores a colher mimosa aquática num arrozal.

Figura 1.3.5: Agricultores embalando a mimosa d'água num feixe

Figura 1.3.6: Um exemplo de embalagem de mimosa aquática; 1 pilha tem cerca de 12-15 kg.

Figura 1.3.7: A solução de alúmen é utilizada para limpar os caules da mimosa d'água antes da embalagem.

Transporte

A mimosa aquática colhida é, geralmente, levada para o mercado usando uma pick-up de quatro rodas ou um camião de seis rodas (Figura 1.3.8). A maioria dos intermediários compra a mimosa diretamente a um ou mais agricultores, mas alguns agricultores que têm a sua própria camioneta de quatro rodas podem vender os seus produtos agrícolas diretamente. Uma capacidade de cerca de (1.000-2.500) kg de mimosa aquática pode ser carregada por uma viagem numa camioneta de quatro rodas. O transporte começa à tarde e a maior parte dos produtos é vendida nos grandes mercados grossistas.

Figura 1.3.8: Transporte de produtos de mimosa aquática por uma pick-up de quatro rodas.

Mercado

A mimosa aquática é entregue durante todo o ano em grandes quantidades ao mercado grossista (Figura 1.3.9), que é o centro de distribuição de todos os produtos agrícolas a vários mercados retalhistas, supermercados, lojas de produtos alimentares e diretamente aos consumidores.

Figura 1.3.9: Uma pilha de água mimosa embalada a ser vendida num mercado grossista de

Banguecoque.

Problemas

Os principais problemas da cultura da mimosa aquática são os insectos e os surtos de doenças. Os exemplos de insectos e doenças que mais afectam a cultura são os seguintes

1. **Pulgão, cigarrinha e tripes da malagueta**

Estes insectos podem sugar a água de uma folha ou de uma ponta durante a emergência de uma nova ponta, o que faz com que esta seja rapidamente destruída.

2. **Bicho-da-cana e bicho-da-dama**

Estes vermes podem perfurar uma parte esponjosa da mimosa aquática e causar um problema de apodrecimento.

3. **Escaravelho comedor de folhas**

Uma fase juvenil (um verme) que se alimenta das raízes da mimosa aquática e o escaravelho adulto que se alimenta das folhas, prejudicando o crescimento da planta.

4. **Doença do míldio**

Podem notar-se manchas amarelas nas folhas, folhas caídas, ápice (ponta) destruído e caule esponjoso castanho magro.

5. **Outros**

Crescimento lento

O problema do crescimento lento da mimosa aquática ocorre durante o inverno. Isto provoca um declínio da produção por unidade de superfície e afecta negativamente o elevado custo de capital, embora a comercialização e o preço de venda da mimosa aquática sejam mais elevados nesta altura.

II. Cultivo de plantas aquáticas em zonas peri-urbanas, na cidade de Ho Chi Minh (HCMC), Vietname

A mimosa aquática é uma das duas plantas aquáticas mais comummente cultivadas nas zonas baixas periurbanas de HCMC. Fornece técnicas básicas de cultura que são necessárias para iniciar e operar sistemas de cultura de mimosa aquática.

1. **Seleção de plantas para propagação**

O sucesso do crescimento da mimosa aquática depende sobretudo da qualidade das plantas de sementeira. Assim, estas devem ser seleccionadas com muito cuidado, de acordo com os seguintes critérios

- Caule grande e tamanho homogéneo dos componentes flutuantes.
- O comprimento médio adequado do caule deve situar-se entre 0,4 e 0,6 m.
- Bom aspeto das folhas. Um bom conjunto de raízes, as raízes jovens são as

melhores. Não escolher plantas com raízes velhas para as plântulas.

- As plântulas não devem apresentar sinais de doença, nomeadamente os elementos flutuantes e as folhas. As folhas devem ser frescas, sem coloração amarela.

Figura 1.4.1: Mimosa aquática recentemente transplantada

2. Preparação do tanque

- O tamanho do tanque varia consoante a capacidade dos produtores.
- A localização do tanque de cultura deve ser tal que a água possa ser trocada facilmente
- A fonte de água deve estar disponível durante todo o ano e não deve ser permitida a intrusão de água salgada durante a estação seca. O abastecimento de água fresca e limpa pode ser um fator decisivo do sistema de cultura da mimosa aquática. Além disso, a capacidade de troca de água é outro requisito para o bom crescimento da planta.
- O solo do charco deve ser cuidadosamente arado e ancorado antes da transplantação, a fim de garantir boas condições para o melhor crescimento da planta.
- As margens do tanque devem ser verificadas e reparadas após cada colheita. Devem ser construídas medidas de prevenção de inundações (por exemplo, diques mais altos) se os tanques estiverem localizados numa área ameaçada por inundações.
- Aplicação de pesticidas e secagem ao sol dos fundos dos lagos durante 2-3 dias antes do abastecimento de água.
- A água deve ser armazenada (condicionamento da água) 4-7 dias antes do transplante de mimosa aquática. Portanto, os novos agricultores que estão a pensar em iniciar a produção de mimosa devem pensar muito bem como e onde vão armazenar a sua água durante 2-3 dias antes de a colocar no tanque.
- Durante o condicionamento da água, o fertilizante orgânico pode ser utilizado para fornecer uma fonte de nutrientes para as plantas cultivadas. O estrume de porco, gado ou galinha pode ser utilizado à taxa de $50kg/1000m^2$.

3. Transplantação

Existem 2 métodos de transplantação de mimosa aquática aplicados em diferentes locais em HCMC

- **Método 1:** as plantas são divididas em grupos de 3 - 4 caules que são atados em muitas estacas e fixados no fundo do tanque. Cada grupo de plantas deve estar a 1,5 - 2 m de distância um do outro. Desta maneira, a maior parte do caule fica imersa na água e, portanto, a produção é relativamente menor.
- **Método 2**: as plântulas são fixadas em vários arames ou cordas paralelas, que são estabelecidas como linhas de transplantação. Estas linhas estão localizadas a uma altura adequada da superfície da água para que o caule da mimosa aquática possa flutuar na água. Os arames de transplantação estão a 0,5 m de distância uns dos outros para garantir espaço suficiente para o crescimento da mimosa aquática.

Para ambos os métodos, a profundidade da água do tanque deve ser mantida a cerca de 1 m ou um pouco mais. Uma água pouco profunda provocará temperaturas elevadas da água que podem afetar o crescimento da planta. A mimosa aquática terá um melhor crescimento em tanques com taxas de troca de água mais elevadas.

A mimosa aquática é sempre cultivada em combinação com a lentilha d'água. O objetivo da colocação da lentilha de água é sombrear a coluna de água para evitar o crescimento do plâncton, que utilizará os nutrientes e reduzirá assim a produção de mimosa aquática. Como a lentilha cresce muito rapidamente, pode ser colhida diariamente. Este subproduto da cultura da mimosa aquática pode ser utilizado para alimentar peixes herbívoros e vendido a explorações piscícolas.

4. Manutenção e gestão

- A qualidade da água deve ser mantida através de uma troca regular de água. Devido aos problemas recentes de poluição da água, a troca de água do tanque de mimosa aquática deve ser efectuada, pelo menos, duas vezes por mês. O momento da troca de água também deve ser escolhido cuidadosamente para evitar a poluição da água. É preferível escolher os dias de maré alta do ciclo das marés.
- A erva deve ser removida do tanque de cultura. O crescimento da lentilha de água também tem que ser monitorizado através de uma colheita regular, porque se a lentilha de água crescer até uma densidade elevada, as plantas serão facilmente infectadas por diferentes vermes, tais como *Nymphula enixalis* e *Pyralis* sp. que podem constituir uma ameaça para a produção de mimosa aquática. Contudo, a densidade da lentilha d'água deve ser mantida corretamente - isto pode ser aprendido com a experiência. É completamente prejudicial para a mimosa aquática se não se mantiver nenhuma lentilha de água no tanque de

cultura.

Figura 1.4.2: Manutenção da mimosa aquática no tanque depois da colheita - note-se a lentilha flutuante.

A lentilha de água é um subproduto do sistema de cultivo de mimosa aquática que pode ser vendido para alimentação de peixes ou como fertilizante de plantas terrestres. Assim, é uma fonte de rendimento extra para os produtores de mimosa aquática.

Aplicação de fertilizante: para 1000 m^2 tanque: as seguintes taxas de diferentes fertilizantes devem ser aplicadas cada 3 dias durante março a agosto; ou cada dia durante setembro a fevereiro do ano seguinte.

- Ureia: 3 - 5 kg/tempo. Dissolver o adubo na água com a dose recomendada e espalhar por todo o lago
- Fosfato: 7 - 10 kg/tempo. Dissolver o adubo na água com a dose recomendada e espalhar por todo o lago.
- DAP: 3 - 5 kg/tempo - Dissolver o adubo na água com a dose recomendada e espalhar por todo o tanque.
- Forragens verdes: 0,3 - 0,5 kg/tempo. Utilizar composto de folhas de plantas verdes ou erva.

Aplicação de inseticida: seguir o guia de doses do fabricante. É importante salientar que o inseticida só deve ser utilizado quando se verificar que as plantas estão a ser atacadas por insectos pestilentos, como o verme comedor de folhas ou vermes que atacam componentes flutuantes das plantas. Todos os insecticidas devem ser pulverizados sobre as plantas.

As plantas cultivadas têm de ser cuidadosamente monitorizadas numa base diária, de modo a que a doença possa ser detectada precocemente para se poderem aplicar os tratamentos adequados. Esta medida pode ajudar a evitar que a doença se espalhe para todo o tanque ou para outros tanques, o que pode causar uma perda total. Se a infeção não for identificada e tratada dentro de 2-3 dias, todo o tanque pode ser infetado e perder-se.

Alguns insecticidas comuns utilizados na cultura da mimosa aquática: Wofatox 50ND, Furadan, Basudin 10H, Sevin 50BHN, DDT 30ND. No entanto, não existe uma dose definida para os agricultores aplicarem, pelo que a dose varia muito em função do nível de infeção.

5. Necessidade de mão de obra

A área média de mimosa de água de um agregado familiar é de 2000 m^2 . Com esta área de terra, a cultura de mimosa de água requer 2 trabalhadores que trabalham 6 - 7 horas/dia.

Em comparação com outros sistemas de aquacultura, a mimosa aquática requer mais trabalhadores, uma vez que as actividades de manutenção e colheita são demoradas, especialmente a colheita. Assim, os agregados familiares de mimosa aquática não têm, normalmente, qualquer hipótese de se envolverem em ocupações extra ou auxiliares.

6. Equipamento agrícola

Uma vez que a cultura da mimosa aquática pode ser considerada como um sistema de produção em pequena escala, o equipamento agrícola necessário é muito simples e não representa um grande investimento. O equipamento comum para a cultura da mimosa aquática inclui: pulverizador de inseticida, enxada e motocicleta ou bicicleta para o transporte do produto.

7. Método de colheita

A mimosa aquática está pronta para a primeira colheita cerca de 15 a 20 dias após a transplantação. Nesta altura, cada grupo de mimosa aquática transplantada é constituído por 3 - 4 caules, dos quais 1 - 2 caules podem ser colhidos. Os caules com um comprimento de 0,5 - 1m são adequados para a venda e, portanto, devem ser colhidos.

O intervalo de colheita é diferente de estação para estação, uma vez que a taxa de crescimento da mimosa aquática varia sazonalmente. Na estação seca, devido ao seu crescimento lento, só deve ser colhida uma vez por semana. Em contrapartida, a mimosa aquática pode ser colhida diariamente na estação das chuvas, uma vez que pode apresentar uma taxa de crescimento muito elevada nessa altura.

Figura 1.4.3: Colheita da mimosa aquática

Preparação da planta para venda: Antes de se proceder ao acondicionamento das plantas para venda, é necessário efetuar algumas operações de pré-tratamento, nomeadamente: eliminação das raízes, das folhas podres e das partes flutuantes. Em seguida, as plantas de mimosa aquática são agrupadas. Cada feixe é constituído por 10 a 20 caules, consoante o tamanho, de modo a atingir um peso de 5 kg/feixe. Esta é a fase de transporte para venda.

Figura 1.4.4: Remoção da parte flutuante e das folhas estragadas antes da venda

Armazenamento: Após a colheita e antes da venda, as plantas devem ser mantidas em locais frescos (evitar o sol). Para manter a frescura das plantas, deve ser utilizada água para as molhar, pois a perda de água reduz a qualidade e, consequentemente, o preço.

Renovação das mudas: As plantas de mimosa aquática devem ser renovadas todos os anos para garantir a manutenção de uma boa produção. A produção de plantas cultivadas diminui quando as plantas envelhecem.

Venda de produtos: a mimosa aquática é geralmente vendida durante a noite em mercados grossistas. Os agricultores podem vender os seus produtos a colectores, grossistas ou retalhistas nos mercados. Podem também transportar os seus produtos para as casas dos colectores mais próximos para os venderem, evitando assim longas distâncias de transporte.

Preço: o preço da mimosa aquática é geralmente instável, dependendo da quantidade de produtos hortícolas importados para os mercados locais. Por conseguinte, o preço da mimosa aquática é frequentemente mais elevado na estação seca do que na estação das chuvas, devido à baixa produção na estação seca. O preço na estação seca é cerca de três vezes superior ao da estação das chuvas.

8. Doenças da mimosa aquática

Não existe uma referência técnica formal para medidas de prevenção e tratamentos de doenças da mimosa aquática. Por conseguinte, os agricultores estão a utilizar tratamentos para os produtos hortícolas terrestres para tratar as doenças da mimosa aquática.

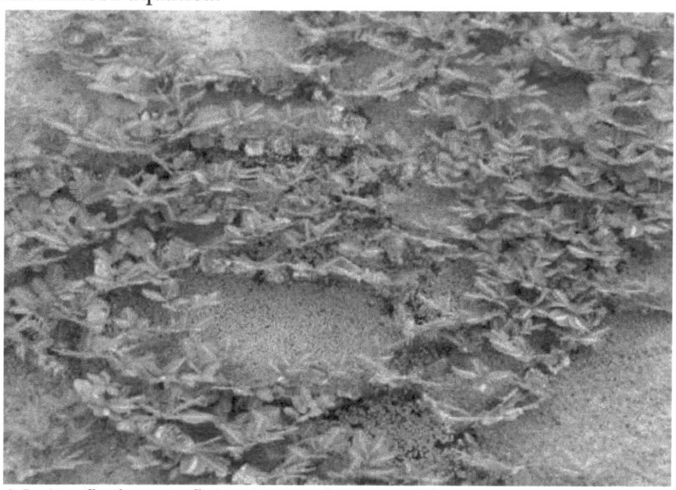

Figura 1.4.5: Atrofia da parte flutuante em mimosa aquática

9. Problemas enfrentados

- Falta de medidas de prevenção de doenças e de tratamentos
- O mau tempo (por exemplo, geada) provoca a morte da mimosa aquática, o que reduz a produtividade.
- Falta de técnicas adequadas para a cultura da mimosa aquática.
- As águas residuais industriais poluem a fonte de água, criando mais dificuldades para os agricultores
- Preços instáveis nos mercados.

III. Técnicas de cultivo de mimosa aquática em zonas peri-urbanas, Ha Noi (Vietname)

1. **Preparação do terreno**

- Primeiro, lavrar o solo e depois secar durante 5 a 7 dias
- Lavrar de novo, nivelar a superfície do campo
- Em seguida, encher com água, mantendo um nível de água de 50-60 cm no campo
- Uma área de 300-400m^2 é a melhor área para gestão e cultivo com a altura das margens de 50-60cm. Deve haver uma entrada e uma saída de água em extremos opostos do campo. **Não utilizar fertilizantes nesta altura.**

2. **Métodos de cultivo**

A cultura da mimosa aquática começa geralmente em abril, com os agricultores a plantar sementes em campos de menor dimensão (as mudas de mimosa são caras em Hanói). Após 15 dias, transplantam as plantas em crescimento para um campo maior.

Seleção de sementes: Escolha plantas fortes e saudáveis, com raízes vermelhas e caules longos, brancos e flutuantes.

Método de cultivo (em água):

- A maioria dos agricultores de Hanói utiliza este método.
- Uma vez cheio de água, divida o tanque com um cordel atado entre estacas de madeira, cada linha com 1,3 - 1,5 metros de distância.
- O caule de cada planta é então fixado às cordas, com uma distância de 40-50 cm entre cada planta (como indicado na figura: 1.5.1)

Figura 1.5.1: Mimosa aquática recentemente transplantada

Depois de crescer durante 10-15 dias, o comprimento da planta deve atingir

80cm - 1m, nesta altura cortar o topo de cada planta (cerca de 60cm) para permitir a multiplicação e um novo crescimento vegetativo. Este processo demora normalmente cerca de 1 mês.

3. Gestão e fertilização

- Após a transplantação, adicionar lentilha-d'água (40kg/360m^2).
- Não adicione demasiada lentilha-d'água, pois isso reduzirá o crescimento das plantas.
- Após a colheita, remover parte da lentilha d'água (160kg/360m^2), ela pode ser usada como uma boa fonte de alimento para a produção de alevinos de peixe.
- Manter o nível da água nos campos a um mínimo de 50 cm, com alguns agricultores a utilizarem até 1 m de profundidade para lagos mais profundos.
- De 3 em 3 ou de 4 em 4 dias, os agricultores têm de endireitar cada planta à mão, de modo a otimizar o espaço e, assim, aumentar o crescimento da cultura.
- Se utilizar águas residuais, espalhar 1-3 kg de ureia/ 360 m /cultura^2
- Se não forem utilizadas águas residuais, aumentar a dose para 10 kg de ureia/360 m^2)/cultura.

Figura 1.5.2: Remoção da lentilha d'água do tanque de mimosa aquática - usada para alimentar os peixes

4. Colheita

Quando o caule principal da planta atinge 100 -120 cm, corta-se à mão cerca de 70 cm do fundo da planta e retira-se as raízes para vender (como se mostra na Figura 1.5.3a). Normalmente, os agricultores juntam 4-5 caules num feixe.

- Após três colheitas, os agricultores substituem as plantas velhas por novas estacas com 4-6 pequenos ramos laterais, a fim de manter elevados níveis de produção.

- No dia seguinte, os agricultores cortam novamente cada um dos ramos laterais (como mostra a Figura 1.5.3b)
- Em seguida, os ramos laterais 2-3 que voltaram a ser ligados são cultivados juntos num grupo para formar novas plantas. (como mostra a Figura 1.5.3c).

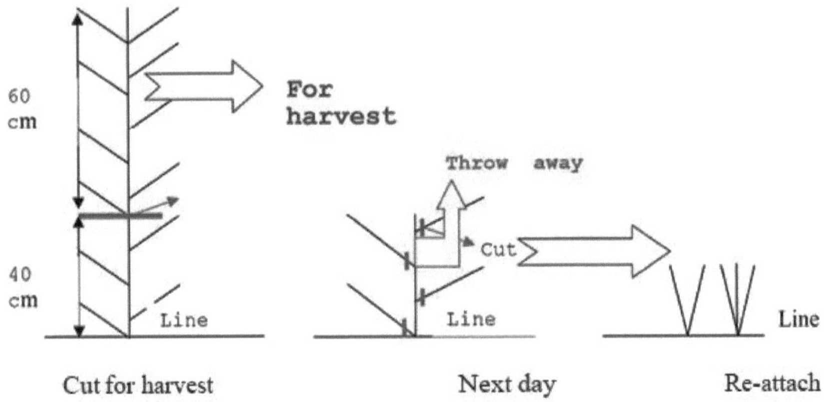

Fig. 1.5.3a: Corte cerca de 60 cm para vender
Fig. 1.5.3b: cortar cada um dos ramos laterais
Fig. 1.5.3c: Em seguida, voltar a fixar os ramos laterais na linha para as novas plantas

Figura 1.5.4: Colheita da mimosa d'água em feixes

Manter as plântulas:

- Manter uma pequena área (20-30m^2) da horta para fornecer mudas para o ano seguinte - continuar a regar com água fresca, se disponível (não utilizar **águas residuais para este efeito).**
- É muito difícil manter as plantas de mimosa aquática e são necessários muitos anos de experiência, daí o preço elevado. Os agricultores compram

normalmente as mudas na província de Hai Duong, a 60 quilómetros de Ha Noi.

IV. Cultivo de mimosa aquática no lago Boeung Cheung Ek, Phnom Penh, Combodja

A Mimosa d'água é uma planta aquática popular cultivada em Phnom Penh que é consumida tanto cozinhada como crua. A Mimosa aquática requer uma técnica de cultivo relativamente fácil com custos de mão de obra mais baixos em comparação com outras plantas cultivadas, mas requer uma área com movimento de água. Além disso, os produtos da Mimosa aquática podem ser colhidos todos os dias, tanto para venda como para consumo doméstico.

1. Equipamento necessário

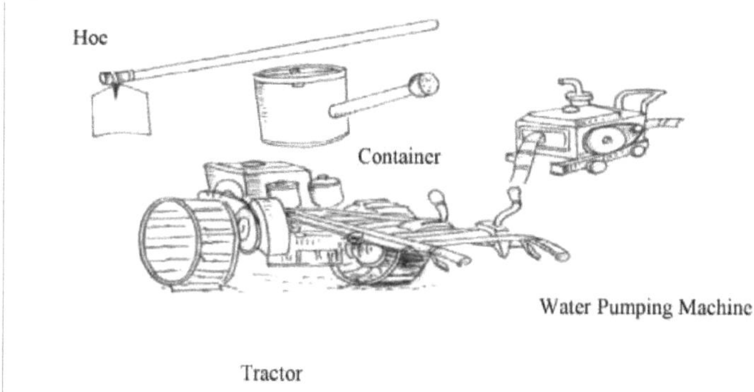

Figura 1.6.1: Equipamento para produção de mudas

Figura 1.6.2: Equipamento para pulverização de pesticidas

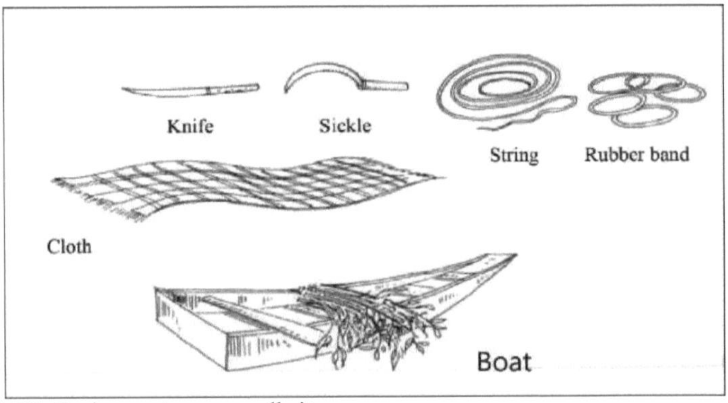

Figura 1.6.3: Equipamento para a colheita

2. Método de cultivo

- A mimosa aquática é geralmente cultivada nas zonas periurbanas de Phnom Penh utilizando a técnica de ser plantada numa jangada que flutua em lagos de forma retangular/quadrada. Assim, a jangada deve ser preparada antes da transferência das plântulas de mimosa para a água.
- Uma área de tanque de 30 por 40 metros é a melhor para a gestão e o cultivo. Deve haver uma entrada e uma saída de água que permita novas trocas de água através da área cultivada.

1.1. Preparação do poste

As jangadas devem ser preparadas usando postes de madeira em forma de retângulo longo de 40 metros de comprimento por cada parcela e cada poste deve estar a 3 a 4 metros de distância um do outro ao longo da largura da parcela, e depois ligados de um poste a outro por cordas de forma a poderem flutuar na superfície da água. Os postes devem ser preparados antes de entrançar as plântulas de Mimosa d'água.

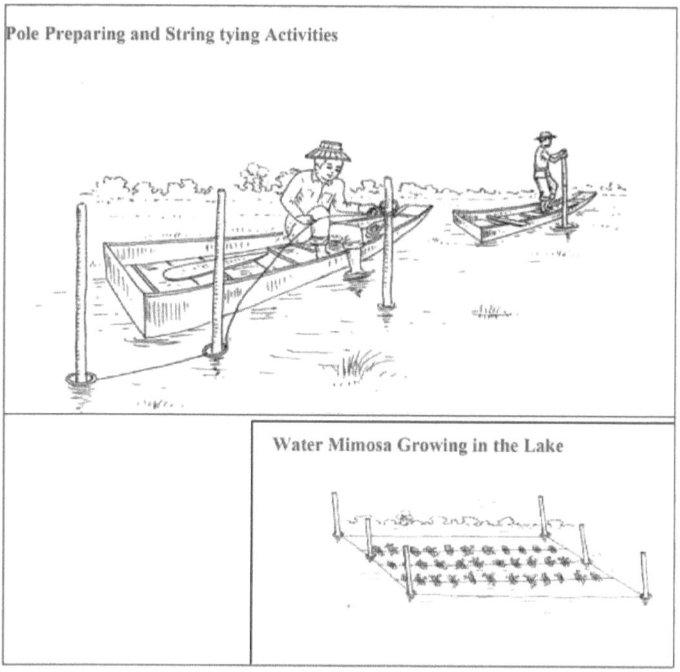

Actividades de preparação de varas e de atar cordas
Mimosa aquática que cresce no lago

Figura 1.6.4: Actividades de preparação do poste e de digitação das cordas

1.2.Mimosa aquática Trançado de plântulas

As plântulas devem ser seleccionadas de uma outra cultura de mimosa. Cada uma deve ter 3 a 5 metros de comprimento, com um tronco grande e muitos caules torcidos por grandes esponjas brancas flutuantes.

Duas mudas seleccionadas são colocadas juntas, viradas em direcções opostas, e entrançadas com cordel em 20 a 30 cm entre cada nó. Uma vez terminado o entrançamento, devem ser fixadas nos postes já preparados na água e deve ser aplicada outra planta aquática flutuante, a lentilha d'água, entre os espaços de mimosa na superfície da água.

Figura 1.6.5: Trançado de sementes de Mimosa d'água

1.3. Manutenção da Mimosa

Para que a mimosa aquática cresça bem, o agricultor deve fazer uma colheita regular:

- Manter o leito flutuante de mimosa/barco cheio com uma quantidade adequada de lentilha d'água para cobrir a superfície da água aberta
- Retirar a lentilha d'água quando esta estiver a crescer demasiado.
- Remover as ervas daninhas, como o jacinto de água e os caracóis, que são presas da mimosa
- Manter o controlo das cordas, cabos e varas entrançados Mimosa
- Quando os novos botões de crescimento da mimosa acabam de aparecer, é necessário aplicar pesticidas e fertilizantes.

Figura 1.6.6: Actividades de manutenção da Mimosa aquática no lago

1.4. Produtos químicos e pesticidas habitualmente utilizados

- **DDVP -50** fabricado na Tailândia (denominado pelo agricultor como Holding-Hand Brand) utilizado para a prevenção de vermes e lesões de ferrugem branca (Kra). Ingredientes activos: 2,2-diclorovinil dimetil fosfato

50%W/V EC

- **Visher 25 ND** fabricado no Vietname (conhecido pelo agricultor como One-Worm Logo) utilizado para a prevenção de vermes e lesões de gafanhotos e ferrugem branca.
- **V 80** (conhecido como Carrying-Pumpkin Brand) fabricado na Tailândia, utilizado na prevenção de lesões de ferrugem branca (Kra) e no condicionamento do rebento das plantas. Ingredientes activos: Zine etilenobis (ditiocarbamato) (polimérico) 80% W.P
- **Vicarben 50hp** utilizado para estimular o crescimento de novos rebentos.

Os agricultores gostam de utilizar estes produtos químicos e pesticidas para pulverizar a mimosa quando os botões estão a crescer e quando os insectos ou as doenças aparecem nas plantas.

Normalmente, os agricultores misturam vários tipos destes produtos químicos e pesticidas num só recipiente e pulverizam apenas uma vez, mas esta não é uma forma recomendada. Devem aplicar a concentração e a dose indicadas nas instruções do frasco e das embalagens.

3. Colheita

- A Mimosa pode ser parcialmente colhida um mês após a plantação. Os caules das plantas devem ser colhidos o mais possível de cada vez, a fim de dar oportunidade às plantas de produzirem os seus novos rebentos para a próxima colheita.
- Para a colheita, cortar os caules de ambos os lados dos nós centrais com uma faca ou foice e deixar os caules a 20 cm de distância dos nós para que a planta cresça e possa ser colhida mais tarde.
- O barco é frequentemente utilizado quando a água é profunda.
- Após a colheita da mimosa, as suas esponjas flutuantes são retiradas e os caules são atados num molho de cerca de 10 pedaços de 50 centímetros de comprimento com um anel de borracha. Os pequenos ramos podem ser separados dos caules principais para serem vendidos a peso em sacos de plástico.

Observações: A mimosa só pode ser colhida durante períodos de 3 a 4 meses, consoante a qualidade da água. As plantas velhas devem ser substituídas por novas plantas de mimosa quando começarem a dar um produto inferior ou a deteriorar-se devido a doenças ou à má qualidade da água

4. Dificuldades

Algumas dificuldades que se colocam frequentemente são as seguintes:

- Saúde humana afetada na sequência da aplicação de produtos químicos - utilização insuficiente de equipamento de segurança - máscaras, luvas, etc.
- Qualidade das águas residuais (contaminação com efluentes industriais) que

afecta o crescimento da mimosa

- Ondas de tempestade, destruição de jangadas pelo movimento do jacinto de água, tempo quente
- Problemas de pele dos agricultores devido à exposição a águas residuais.

Cultivo intercalar de arroz e Mimosa d'água (*Neptunia oleracea* Lour.): Um novo modelo de controlo de pragas e doenças

Foi realizada uma experiência de campo durante duas épocas (final de 2018 e início de 2019) para explorar os efeitos da cultura intercalar de arroz e mimosa aquática no sul da China no microclima da copa do arroz, no controlo de pragas e doenças, etc. (Hei et al., 2022). Os resultados mostraram que a cultura intercalar de arroz e mimosa aquática formou um microclima de copa de arroz com temperatura mais elevada e humidade relativa e temperatura do ponto de orvalho mais baixas. Para além disso, houve uma redução significativa nas ocorrências de explosão foliar do arroz em 15,05% - 35,49%, folhagem em 25,32% - 43,40%, e ferrugem da bainha em 16,35% - 41,91% nos tratamentos intercalares. Esta combinação não só mitigaria a poluição de fontes não pontuais, como também obteria vantagens no controlo de pragas e doenças do arroz que aliviariam a utilização de pesticidas e melhorariam o rendimento do arroz e a qualidade dos grãos, o que pode ser alargado à produção de arroz verde para aumentar o rendimento dos produtores (Hei et al., 2022).

Composição Proximal e Mineral

Foi avaliada a composição proximal e o conteúdo mineral de seis folhas comestíveis selvagens da planta *Allium porrum, Carpesium cernuum, Tricyrtis pillosa*, *Spilanthes acmella, Leea sambucina e Neptunia olearacea* recolhidas no estado de Meghalaya (Índia). Estas plantas são utilizadas pela população local do estado de Meghalaya, na Índia, como alimento. O presente estudo revelou que, para as diferentes espécies de plantas, o teor de gordura bruta variou entre 0,57±0,032,84±0,03%. O teor de proteína bruta foi determinado como elevado nas folhas de *Neptunia olearacea* (46,24±0,02%), *Allium porrum* (29,53±0,03%), *Spilanthes acmella* (27,00±0,03%) e *Leea sambucina* (22,53±0,02%), enquanto o teor de hidratos de carbono disponíveis foi mais elevado nas folhas de *Leea sambucina* (63,32±0,04%). O valor nutritivo variou de 284,26±0,12-350,66±0,19 kcal 100 g^{-1} nas várias plantas silvestres comestíveis. Entre os vários macronutrientes estimados nas amostras de plantas de diferentes plantas silvestres comestíveis, o potássio estava presente em maior quantidade (20,19±0,14-52,11±1,35 mg g^{-1}), seguido de cálcio (5,42±0,11-8,90±0,12 mg g^{-1}) e sódio (0,15±0,004-0,38±0,005 mg g- 1). Os micronutrientes, como o ferro, o zinco, o cobre, o manganês e o magnésio, foram analisados nos diferentes espécimes de plantas. O resultado indica que os valores nutricionais e os conteúdos minerais destas folhas sob investigação eram mais ricos do que os dos vegetais comerciais e poderiam ser utilizados para fins nutricionais. (Seal et al, 2013)

A disponibilidade de uma planta aquática menos conhecida (*Neptunia oleracea* Loureiro) no mercado nativo de Sibu Central (Malásia) ao longo do ano, com o objetivo de determinar o preço de mercado, as partes comestíveis, o peso do cacho, o número de rebentos individuais e o seu peso, foram significativamente mais elevados ($p<0,05$) em abril em comparação com outubro. *A N. oleracea* foi oferecida ao cliente em cachos de 106,91149,41 g. Cada rebento individual variava em comprimento, diâmetro e peso, com 32,00-33,43 cm, 6,11-6,16 mm e 8,4-9,71 g, respetivamente. As composições proximais e minerais de *N. oleracea foram categorizadas* como teor de humidade > proteína bruta > fibra bruta > cinzas > gordura bruta e K > P > Ca > Na > Mg > Mn > Zn > Cu, respetivamente. O teor de humidade foi significativamente mais elevado em abril (83,75±0,55%) e em outubro (86,26±0,62%). No entanto, no que diz respeito ao conteúdo mineral, o cálcio (348,00±14,93 e 381,42±9,00 mg/100g), o fósforo (395,67±26,50 e 405,92±43,67 mg/100g), o cobre (2,58±0,29 e 2,97±0,12 mg/100g) e o Ca/P (0,88±0,09 e 0,95±0,11mg/100g) foram significativamente mais baixos em abril do que os observados em outubro ($p<0,05$). Assim, as partes comestíveis de *N. oleracea* fornecem boas fontes de proteína bruta, fibra bruta, cinzas, calorias e minerais como o potássio. (Saupi et al, 2015)

Atividade biológica

Atividade Antioxidante

Neptunia prostrata (Lam.) Baill apresentou atividade antioxidante (Abulude, 2005). A atividade antioxidante do extrato metanólico das folhas de *N. oleracea* foi estudada utilizando o método de branqueamento de 0-caroteno. O extrato metabólico das folhas mostrou uma atividade de 13,1 mg de butil-hidroxianisol (BHA) equivalente/g de peso seco. Além disso, o extrato de *Neptunia oleracea* deu origem a cinco picos (P-1, P-2, P-3, P-4 e P-5), que mostraram uma atividade antioxidante de análise HPLC. (Thalang et al, 2001)

A Neptunia oleracea é uma planta consumida como vegetal e utilizada como erva tradicional para tratar várias doenças. As variações dos metabolitos nas folhas e no caule da *N. oleracea* foram submetidas a secagem ao ar (AD), liofilização (FD) e secagem em estufa (OD) utilizando metabolómica baseada na ressonância magnética nuclear de protões (1H NMR). Foi também estudada a correlação entre o teor de metabolitos e o teor de fenólicos totais (TPC), a eliminação do radical livre DPPH e as actividades inibidoras da a-glucosidase. Foi identificado um total de 18 metabolitos a partir de extractos de *N. oleracea,* incluindo 10 metabolitos primários, 5 flavonóides e 3 ácidos fenólicos, utilizando RMN. A análise por cromatografia líquida de desempenho ultra-elevado com espetrometria de massa em tandem (UHPLC-MS/MS) confirmou a presença dos metabolitos secundários e revelou os derivados de flavonóides presentes. Todos os fenólicos identificados são relatados pela primeira vez nesta planta. O estudo demonstra que as folhas de *N. oleracea* FD são uma fonte natural potencial de antioxidantes e inibidores da a-glucosidase. (Lee et al, 2016)

As fracções de *N. oleracea* foram obtidas por extração em fase sólida (SPE). Foi aplicada uma abordagem metabolómica que associou a utilização da ressonância magnética nuclear de protões (RMN de 1 H) à análise multivariada de dados (MVDA) para distinguir as variações dos metabolitos entre as fracções de N. *oleracea*, bem como para avaliar a correlação entre a variação dos metabolitos e as bioactividades estudadas (actividades de eliminação do radical livre DPPH e de inibição da a-glucosidase). As fracções bioactivas foram depois submetidas a uma análise por cromatografia líquida de desempenho ultra-elevado com espetrometria de massa em tandem (UHPLC-MS/MS) para determinar o perfil e identificar os potenciais constituintes bioactivos. A análise de componentes principais (PCA) discriminou EF e MF das outras fracções com as distribuições mais elevadas de fenólicos. A análise dos mínimos quadrados parciais (PLS) revelou uma forte correlação entre os fenólicos e as bioactividades estudadas no EF e no MF. O perfil UHPLC-MS/MS do EF e do MF identificou provisoriamente os fenólicos presentes. Juntamente com alguns metabolitos não fenólicos, foi atribuído provisoriamente um total de 37 metabolitos. Os resultados apoiaram o facto de *a N. oleracea* ser uma fonte rica em fenólicos que podem ser potenciais antioxidantes e inibidores da a-glucosidase para o tratamento da diabetes. (Lee et al, 2019)

Atividade anti-tumoral

O isolamento da feofórbida a (PPBa) e dos seus compostos relacionados (PPBa, EtPPBa, EtPPBb, MePPBa, 10-OHPPBa) como possível promotor antitumoral nas folhas de *N. prostrata* foi relatado por Nakamura et al (1996), onde PPBa e PPBb mostraram uma atividade inibidora marcada na ativação do EBV numa concentração de 5 gm e IC_{50} foram 3,3 e 4,5 gm, respetivamente.

O extrato etanólico das folhas de *Neptunia oleracea* Lour (Mimosaceae) foi avaliado quanto às propriedades antiulcerosas em ratos com ligadura pilórica. O estômago é submetido a uma avaliação das úlceras e a porção glandular a uma estimativa da mucina. As folhas de *Neptunia oleracea* mostraram propriedades anti-úlcera em ratos com ligadura pilórica através do aumento do teor de mucina, da acidez livre e total e do pH, e da diminuição do índice de úlcera, do

volume do suco gástrico, das proteínas totais e do teor de pepsina. Todos os resultados são significativos quando comparados com os grupos de controlo. A ranitidina é utilizada como medicamento padrão. (Bhoomannavar et al, 2011)
Estudos epidemiológicos demonstraram que os produtos dietéticos naturais podem prevenir ou controlar o cancro gástrico. Foi relatado que *a Neptunia oleracea* (vegetal aquático e planta comestível) tem propriedades anti-cancerígenas. A supressão de células de cancro gástrico pelo extrato de *N. oleracea* foi investigada num modelo experimental *in vitro*. Os autores verificaram que o extrato de acetato de etilo (EtOAc) inibiu a proliferação celular com um valor IC_{50} de 172 ggmil. Além disso, o tratamento do extrato de EtOAc a uma concentração de 50 ggmik durante 24 h causou a supressão da migração das células cancerígenas. Um ensaio de PCR em tempo real revelou que o extrato de EtOAc induziu o processo de apoptose através da regulação positiva do nível de expressão do ARNm da caspase 8, Bax, caspase-9 e caspase-3 nas células cancerígenas. Em conclusão, *a N. oleracea* tinha uma potencial atividade anticancerígena contra as células do cancro gástrico, sugerindo o seu papel na prevenção e tratamento do cancro gástrico. (Nguyen et al, 2022)

Utilizações tradicionais de várias partes da Mimosa aquática como medicamento à base de plantas

A Neptuniaprostrata (Syn *N. oleracea*) é uma importante planta medicinal. A planta como um todo é adstringente, doce, refrigerante, antidiarreica diurética, anti-helmíntica e anódina (Sagolshemcha e Robindro Singh, 2017). Os diferentes usos etnobotânicos desta planta em diferentes partes do mundo estão resumidos (Tabela: 1.1)

Tabela 1.1: Dados da literatura sobre os usos tradicionais de *N. prostrata* (Syn. *N. oleracea*)

Sl. Não	Utilização da peça	Utilizações	País	Referência
1	Raiz	O extrato da raiz é tomado com coalhada para curar a disenteria.	Índia	Jadhav, D., 2006
2	Rebentos e folhas jovens	Para consumo humano como alimento.	Índia	Jugindro Singh, 1982
3	Planta inteira	Hemorragia nasal, língua dorida, diarreia com sangue, corrimento branco e epilepsia.	Índia	D'Souza, M., 1985
4	Folhas da flor	Para curar a dor de ouvidos e a sífilis.	Índia	Kumar e Narain, 2010
5	Rebento jovem	Os ramos esmagados são misturados com pasta de arroz não cozido e transformados	Índia	Das, HB. et al., 2009

		em comprimidos deste tamanho, fritos e tomados por via oral ou às refeições para prevenir a gastrite, a acidez e a obstipação.		
6	Planta inteira	A planta é um adstringente refrigerante; o sumo dos caules da planta é utilizado para a dor de ouvidos e a raiz para a sífilis. O caule jovem é consumido como erva de maconha e as vagens são consumidas como vegetais.	Índia	Vardhana, R., 2008
7	Caule e raiz	O sumo do caule é instilado no ouvido para curar a dor de ouvido. A decocção da raiz e do caule é utilizada para curar a gonorreia	Índia	Dangwal et al., 2010
8	Folhas	A folha é consumida crua em caso de disenteria e infeção intestinal	Manipur, Índia	Singh, HB. et al., 2003
9	Planta inteira	Alimentos para animais	Austrália	Wildin, TH. et al., 1996
10	Planta inteira	Febre amarela e infeção pelo verme da Guiné	Nigéria	Ita, EO, 1994
11	Caule	O caule é cortado e mastigado. É utilizado como estimulante	Nigéria	Igoli et al., 2005
12	Raiz	Necrose do nariz e do palato duro. Estágio avançado da sífilis	Malásia	Paisooksantivatana , Y. 1993
13	Caule e folhas do rebento	Utilizado em infecções uterinas e alta	Vietname	Ogle, 2003
14	Planta inteira	Vegetal mais frequentemente utilizado na salada *Yam phak Ka ohed, uma* salada picante e azeda com frutos do mar *e* na *sopa kaeng som*	Tailândia	Jones e Csurhes, 2008
15	Folha e caule jovens	É utilizado medicinalmente como desintoxicante para tratar a febre, a intoxicação alimentar e as reacções alérgicas graves	Tailândia	Salguero, CP., 2003
16	Folhas, pecíolos e caule	Contra a disenteria e anti-helmíntico ou vermífugo	Manipur, Índia	Yumnam & Tripathi, 2012
17	Planta inteira	Muito bom tónico e administrado durante 4-12 dias regularmente com o estômago vazio	Índia	Dipankar et al., 2016
18	Folha e caule	Comido cru e em sopa	Laos	Luczaj et al., 2021

Valor nutricional da *Neptunia oleracea*

A porção comestível do rebento de mimosa aquática contém (por 100g) Humidade- 89,4 g; Proteína- 6,4 g; Gordura- 0,4 g; Hidratos de carbono- 0,8 g;

Fibra- 1,8 g; Cinzas- 1,2 g; Ca- 887 mg; P- 7 mg; Fe- 5,3 mg; Vitamina A- 5155 UI; Vitamina B1- 0.12 mg; Vitamina B2- 0,14 mg, Niacina- 8,2 mg; Vitamina C- 1,8 mg e o valor energético da planta é 184 Kj/100g (Jones e Csurhes, 2008; Csurhes, 2016). Outros autores (Prusty et al., 2007; Noorasmah et al., 2015) também relataram a presença de Na, K, Ca, Mg, K, Mn, Cu, Zn, Fe, P, Pd e Ni em concentrações variáveis. A Mimosa aquática tem sido consumida pela população da Malásia, Tailândia e Camboja devido aos seus valores nutricionais (Yenkokpam e Devi, 2018).

Valor de cinzas e teor de humidade de *Neptunia prostrata* L.

São apresentadas diferentes constantes físicas com o valor das cinzas e os teores de humidade (Quadro: 1.2) (Deb et al., 2013)

Tabela:1.2 Valor de cinzas e teor de humidade de *Neptunia prostrata* L.

VALOR DA CINZA		FOLHA	STEM
Cinza total		9.404 ± 0.12 %	9.621± 0.04 %
Cinzas insolúveis em ácido (HCl)		0.860 ± 0.04 %	0.274 ± 0.01%
Cinzas insolúveis em álcool		8.075 ± 0.07 %	6. 505 ± 0.12%
Cinza insolúvel em água		4. 596 ± 0.04 %	3.152 ± 0.14 %
TEOR DE HUMIDADE			
FOLHA	4.848 ±0.03 %	**STEM**	4.560 ± 0.04 %

Capacidade de fitorremediação da Mimosa d'água

O tratamento de efluentes de viveiros de camarão foi iniciado com o uso de mimosa aquática (*Neptunia oleracea* Syn. *N. prostrata*) (Suppadit et al., 1995). Mais uma vez, a qualidade da água contaminada com lama destilada foi avaliada após o tratamento com mimosa aquática (*Neptunia oleracea*) (Suppadit et al., 2008). Com ciclo de vida curto e crescimento fácil, *a N. oleracea* é promissora para a fitorremediação e adequada para plantação em áreas com água contaminada (Anokhina et al., 2004). Em comparação com as questões acima do solo, as raízes de *N. oleracea* podem acumular metais pesados (Mishra e Tripathi, 2008).

A comparação da capacidade de fitorremediação da mimosa d'água e do jacinto d'água revelou que a mimosa d'água tem um valor mais baixo de ingestão de metais pesados e de fator de bio concentração do que o jacinto d'água. Ambas as plantas acumulam grandes quantidades de metais pesados nas raízes em comparação com os caules e as folhas. Ambas as plantas utilizam o processo de rizofiltração (acumulação de metais pesados nas raízes) para remover os metais pesados. Assim, ambas as plantas têm potencial para serem comercializadas como agente de fitorremediação para limpar a água poluída (Aini Syuhaida et al., 2014). Anteriormente, os usos tradicionais e biológicos de *Neptunia oleracea* Lour. foram revistos por Sagolshemcha e Robindro Singh (2017). Além disso, a importância biológica e fitoquímica de *Neptunia olerecea* também foi revisada por Sonia Devi et al., (2021).

A mimosa aquática (*Neptunia oleracea* Syn. *N. prostrata*) tem sido amplamente identificada como um fitorremediador viável para a limpeza de sistemas aquáticos. O potencial de fitorremediação da mimosa aquática exposta a diferentes concentrações de arseniato de sódio hepta-hidratado (№2! IAs)>r7I H')) foi testado (Atabake et al., 2020). Foram analisadas várias respostas fisiológicas e de crescimento das plantas, tais como a altura da fronde, a existência de folhas verdes, a taxa de crescimento relativo, o teor relativo de água, o índice de tolerância, a diminuição da relação entre a biomassa e a relação entre o peso seco, o teor de clorofila, a taxa de fotossíntese, as concentrações intercelulares de CO_2, a condutância estomática, o défice de pressão atmosférica, a taxa de transpiração, a peroxidação de prolina e de lípidos, bem como a acumulação de arsénio e a eficácia da sua remoção. Os resultados da análise micromorfológica confirmaram a tolerância da mimosa aquática até 30 ppm de tratamento com arsénio. Os resultados obtidos a partir do teor de clorofila e das trocas gasosas também revelaram danos graves causados pelo arsénio em doses superiores a 30 ppm. Além disso, a maior acumulação de arsénio e a maior eficácia de remoção de arsénio foram observadas na gama de 30-60 ppm. Uma análise do teor de prolina e de peroxidação lipídica confirmou a tolerância da mimosa aquática até 30 ppm de arsénio. A microscopia eletrónica de varrimento (SEM) e a espetroscopia de raios X (EDX) e a análise também confirmaram a acumulação de arsénio, como demonstrado pela deformação dos tecidos da mimosa aquática. Assim, a mimosa aquática é um bioremediador fiável para a remoção de arsénio de sistemas aquáticos. (Atabake et al., 2020).

Benefícios económicos e utilizações da Mimosa aquática (*Neptunia* sensitiva*)*

Pastagem com lagoa

Neptunia oleracea foi recomendada por Wildin et. al. (1996) para avaliação e ensaios de introdução como uma espécie potencial de pastagem a ser usada em conjunto com gramíneas introduzidas como *Brachiaria mutica* etc. em sistemas de pastagem em lagoas em Queensland. Foi sugerido que *a Neptunia* pode ser uma fonte valiosa de azoto para pastagens em tanques, bem como oferecer pasto de qualidade ao gado (Csuthes, 2016).

Dependendo da localização, várias espécies de peixes, tartarugas, gansos e patos podem alimentar-se da mimosa aquática. Não se conhece nenhum inseto que se alimente ou dependa desta planta, mas as abelhas e outros polinizadores podem passar pelas flores de vez em quando. É também bastante comestível para as pessoas, podendo ser consumida crua ou cozinhada, e é cultivada como uma cultura na Ásia, tal como o arroz. (Rebecaa, 2019)

Planta aquática comestível geradora de rendimentos elevados - *Neptunia oleracea/Water* Mimosa

A Neptunia oleracea ou Mimosa aquática, como é chamada, é uma planta com flor, é uma planta aquática selvagem comestível que flutua na água com a ajuda dos seus caules inchados e esponjosos. Semelhante em nomes à planta "touch me not Land", as folhas *da Neptunia* também se fecham quando tocadas (Unnithan, L., 2019). Estudos realizados no CSIR, Manipur, por Jain e Singh (2012) relatam que a planta pode ser cultivada tanto em condições climáticas tropicais como temperadas, com maior precipitação, tanto à sombra como ao sol brilhante e aberto, com solos argilosos, argilosos ou siltosos com ph de 5,5 a 7. É muito adequado para cultivar em lagoas com fonte de água permanente. A planta produz flores durante julho-setembro e frutos durante outubro-novembro. Pode ser propagada através de material vegetativo e sementes (taxa de germinação de 20-22 %). (Jain e Singh, 2012)

Economia de *Neptunia oleracea* Lour.

Rendimento:

- Espaçamento entre plantas = 5,0x5,0 (25,0 m $)^2$
- 1 ha = 10.000 m^2
- Número de plantas cultivadas num hectare de terra = 400 plantas
- 5 ramos numa semana ou 20 ramos num mês, ou seja, 20 x 7 meses de colheita =140 ramos
- Produtividade ha^{-1} yr^{-1} = 56000 ramos
- Cada ramo custa em média ^2
- Rendimento anual de 1 hectare de lagos/terra = ^1,12,000

Despesas (anuais):

(A criação de lagoas é um investimento de uma só vez)

- Necessidade de mão de obra (para fazer canteiros, semear, plantar, etc.) de um hectare de terra/lagoa = 4 trabalhadores por 5 dias @ ^150 dia^{-1} = ^3000/-
- Mão de obra para cuidar =2 Mão de obra para 10 dias @ ^150 dia^{-1} = ^3000/-
- Custo da compra de sementes para a plantação de 1 hectare de terra (custos de 5 ramos ^50) = П600
- Enchimento de lagos com água através de motor pelo menos uma vez antes da estação das chuvas = ^4800
- Total das despesas anuais = ^12.400

Rendimento líquido de um hectare de terra/ano:

^1,12,000 - П2400 = ^99,600

Segundo eles, um hectare de terra cultivada permitiria obter um rendimento anual de 1 milhar de dólares.

Planta sensível à água (*Neptunia oleracea* Lour) como cultura comercial significativa

As práticas de cultivo sistemático de *N. oleracea* lour podem ser uma cultura de rendimento em herdade, bem como em explorações agrícolas de grande escala (Devi Sundari et. al. 2018)

***Neptunia oleracea* Lour como cultura de rendimento**

Rendimento: Espaçamento entre plantas = 5,0 x 5,0 $(25,0\ m)^2$

1ha = 10.000 m^2

Número de plantas cultivadas num hectare de terra = 400 plantas

5 ramos numa semana ou 20 ramos num mês Portanto, 20x7 meses de colheita = 140

Ramos

- Produtividade ha^{-1} ano^{-1} = 56000 ramos
- Cada balcão custa, em média, Rs 3/-
- Rendimento anual de 1 hectare de lago/terra = Rs 1,68,000/-

Despesas (anuais)

(O fabrico de lagoas é um investimento único)

- Despesa anual total = Rs 20.000/- (aprox.)

Rendimento líquido de um hectare de terra por ano = Rs 1,68,000 - Rs 20,000 = Rs 1,48,000/-

Análise económica em diferentes espaçamentos de cultivo de Mimosa d'água (*Neptunia prostrata* L.)

O experimento foi realizado em um delineamento fatorial em blocos casualizados (FRBD) com 9 espaçamentos, métodos de corte sem raiz e corte com raiz, com três repetições. Os dados primários sobre o custo de cultivo e o retorno do cultivo da mimosa aquática foram recolhidos e analisados economicamente. A principal conclusão deste estudo revelou que o tratamento S5T2 (4,5 pés x 1,5 pés com método de corte de raízes), que é igual ao tratamento S5T1 (4,5 pés x 1,5 pés sem corte de raízes), tem o benefício máximo de todos os outros tratamentos. (Dinamani et. al., 2020)

Detalhes do tratamento

Espaços

S1 - 3 pés x 1 pé	S2 - 3 pés x 1,5 pés	S3 - 3 pés x 2 pés
S4 - 4,5 pés x 1 pé	S5 - 4,5 pés x 1,5 pés	S6 - 4,5 pés x 2 pés
S7 - 6 pés x 1 pé	S8 - 6 pés x 1,5 pés	S9 - 6 pés x 2 pés

Corte de raízes

T1 - Sem corte de raízes T2 - Corte de raízes

Combinações de tratamento

S1T1 - 3ft x 1ft + Sem corte de raízes S3T1 - 3ft x 2ft + Sem corte de raízes S4T1 - 4,5 pés x 1 pé + Sem corte de raízes **S5T1 - 4,5 pés x 1,5 pés + Sem corte de raízes** S7T1 - 6ft x 1ft + Sem corte de raízes S9T1 - 6ft x 2ft + Sem corte de raízes S2T2 - 3ft x 1.5ft + Corte de raízes S4T2 - 4,5 pés x 1 pé + corte de raízes S6T2 - 4,5 pés x 2 pés + corte de raízes S8T2 - 6 pés x 1,5 pés + corte de raízes	S2T1 - 3 pés x 1,5 pés + Sem corte de raízes S4T1 - 4,5 pés x 1 pé + Sem corte de raízes S6T1 - 4,5 pés x 2 pés + Sem corte de raízes S8T1 - 6 pés x 1,5 pés + Sem corte de raízes S1T2 - 3ft x 1ft + Corte de raízes S3T2 - 3ft x 2ft + Corte de raízes S5T2 - 4.5ft x 1.5ft + Corte de raízes S7T2 - 6ft x 1ft + Corte de raízes S9T2 - 6ft x 2ft + Corte de raízes

Economia

A economia ou o lucro da cultura da mimosa aquática, expresso em termos de hectare (P), foi calculado através da soma de todos os preços de venda de cada colheita (R) e da subtração de todos os custos de cultura (C), utilizando a fórmula: P = R - C.

Custo de cultivo: O custo total do cultivo da mimosa aquática inclui o material de plantação, o estrume e os fertilizantes, a mão de obra, os nutrientes para as plantas, etc.

Rendimento bruto: O rendimento bruto foi calculado pela venda dos rebentos colhidos para cada tratamento e foi expresso em termos de hectare.

Rendimento líquido: Foi calculado subtraindo o custo total do cultivo do rendimento bruto e expresso em rupias por hectare.

Rácio custo-benefício: O rácio custo-benefício (BCR) em termos de rupias foi calculado através do rendimento líquido por hectare (NR) dividido pelo custo de cultivo por hectare (CC), utilizando a fórmula: BCR=NR/CC

Os dados de rendimento são apresentados na Tabela 1.3 e ilustrados graficamente na Fig. 1.7. Foi observado que a diferença entre os valores mais altos e mais baixos de rendimento é altamente significativa. No que diz respeito à gestão das raízes, o método de não aparar as raízes e o método de aparar as raízes mostraram uma diferença significativa e, no caso da combinação de tratamentos, não foi significativa.

Com base nos resultados obtidos, observou-se que entre os espaçamentos S5(4,5ft x 1,5ft) tem o valor mais alto i.e., 10083 Kg/ha que é significativamente mais alto que os restantes espaçamentos e o mais baixo foi observado em S9(6ft x 2ft) com um valor de 5923 Kg/ha. Entre os métodos de gestão de raízes, o valor máximo foi observado no método de corte de raízes (T2) com um valor de 8311 Kg/ha que não é significativamente superior ao método de não corte de raízes (T1) i.e., 8250 Kg/ha. Entre as combinações de tratamentos, o valor máximo foi observado no tratamento S5T2 (4.5ft x 1.5ft com corte de raízes) com um valor de 10149 Kg/ha que é significativamente superior aos restantes tratamentos com exceção do tratamento S5T1 (4.5ft x 1.5ft sem corte de raízes) i.e., 10018 Kg/ha.

Quadro 1.3: Rendimento (kg) por hectare (fresco) de rebentos influenciado por diferentes espaçamentos e corte de raízes de mimosa aquática notação

SxT	S1	S2	S3	S4	S5	S6	S7	S8	S9	Média
T1	8689	9426	7763	9439	10018	7697	7584	7727	5902	8250
T2	8857	9185	7707	9526	10149	7768	7943	7727	5940	8311
Média	8773	9306	7735	9482	10083	7732	7763	7727	5932	

	S	T	SxT
SE d (±)	99	47	140
CD (P = 0,05)	201	95	285

S1 - 3 pés x 1 pé S4 - 4,5 pés x 1 pé S7 - 6 pés x 1 pé T1 - Aparagem não radicular	S2 - 3 pés x 1,5 pés S5 - 4,5 pés x 1,5 pés S8 - 6 pés x 1,5 pés T2 - Corte de raízes	S3 - 3 pés x 2 pés S6 - 4,5 pés x 2 pés S9 - 6 pés x 2 pés

Quadro 1.4: Custo de cultivo da mimosa aquática sem o custo do viveiro (estacas) para 1 hectare

Sl. Não.	Particularidades	Preço em Rúpias (Rs. /ha)
1	Mão de obra para 304 mandays @ Rs. 350 por dia	1,06,400
2	Lavoura (2 vezes)	6,400
3	Estrume e fertilizantes	4,950

4	Produtos químicos PP (orgânicos)	4,000

Quadro 1.5: Economia da mimosa d'água influenciada por diferentes espaçamentos, métodos de corte sem raiz e de corte com raiz

Tratamentos	**Peso médio/parte aérea (g)**	**População de plantas /ha**	**Rendimento fresco total dos rebentos em 7 colheitas (Kg/ha)**	**Custo de produção (Rs. /ha)**	**Rendimento bruto (Rs. /ha)**	**Rendimento líquido (Rs. /ha)**	**B:C Rácio**
S1T1	44	2749	8689	231200	868854	637654	2.76
S2T1	72	18631	9426	194311	942590	748278	3.85
S3T1	79	13973	7763	175866	776268	600402	3.41
S4T1	72	18631	9439	196078	943906	747829	3.81
S5T1	115	12421	10018	169718	1001803	832085	4.9
S6T1	118	9315	7697	158853	769728	610876	3.85
S7T1	78	13973	7584	175866	758359	582493	3.31
S8T1	119	9315	7727	158853	772747	613894	3.86
S9T1	120	7050	5906	149798	590571	440773	2.94
S1T2	45	27946	8857	233536	885734	652198	2.79
S2T2	70	18631	9185	196274	918512	722238	3.68
S3T2	79	13,973	7707	177643	770711	593068	3.34
s4T2	73	18,631	9526	196274	952582	756308	3.85
S5T2	117	12,421	10149	171433	1014886	843453	4.92
S6T2	119	9,315	7767	159012	776762	617750	3.88
S7T2	81	13973	7943	177643	794317	616674	3.47
S8T2	118	9315	7727	159012	772666	613654	3.86
S9T2	120	7050	5940	149948	593960	444012	2.96

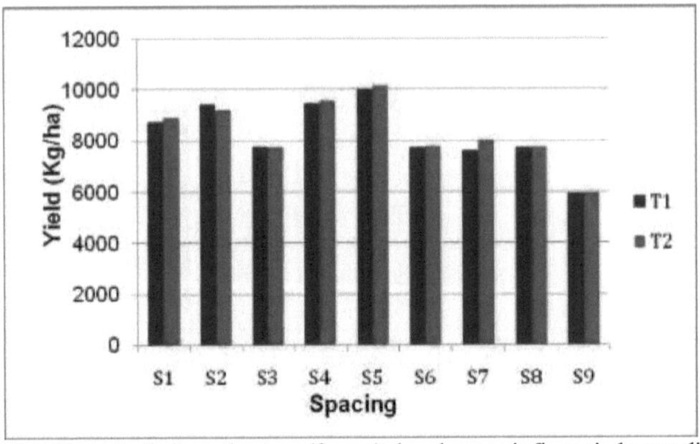

Fig. 1.7: Rendimento (kg) por hectare (fresco) de rebentos influenciado por diferentes espaçamentos e corte de raízes de mimosa aquática

Análise económica

A perda ou ganho da produção vegetal é avaliada pela análise económica e é expressa em rendimento/ha. O custo do viveiro (estacas) é de Rs. 4/corte. As outras despesas relativas aos custos de cultivo são apresentadas no quadro 1.4.

A leitura dos dados do quadro 1.5 mostra a análise económica da produção de mimosa aquática em diferentes espaçamentos.

O retorno bruto mais alto, o retorno líquido e a relação custo-benefício são observados no tratamento S5T2 (4,5 pés x 1,5 pés com método de corte de raízes), ou seja, Rs. 1.014.886/ha, Rs. 843.453/ha e 4,92 respetivamente, seguido pelo tratamento S5T1 (4,5 pés x 1,5 pés sem corte de raízes), ou seja, Rs. 1.001.803/ha, Rs. 832.085/ha e 4,90 respetivamente. O retorno bruto e o retorno líquido mais baixos são observados no tratamento S9T1 (6ft x 2ft sem corte de raízes), ou seja, Rs. 590.571/ha e Rs. 440.773/ha, respetivamente. O rácio custo-benefício mais baixo é no S1T1 (3ft x 1ft sem corte de raízes), ou seja, 2,76 (Dinamani et. al., 2020).

As terras húmidas do Estado de Manipur (Índia) proporcionam plantas altamente geradoras de rendimentos e os habitantes locais que vivem perto das zonas húmidas têm essas oportunidades. Por exemplo, o preço de mercado em Rs/Kg ou feixe de *Neptunia oleracea* Lour no mercado de Nambol (Rs 50/- por feixe), no mercado de Bishnupur (Rs 45/- por feixe) e no mercado de Moirang (Rs 50/- por feixe). Por conseguinte, a conservação destas plantas das zonas húmidas pode melhorar os valores socioeconómicos dos habitantes (Sunita Devi et al, 2022). Além disso, as zonas húmidas de Manipur fornecem plantas geradoras de rendimentos elevados e os habitantes locais que vivem perto das zonas húmidas obtêm estas oportunidades (Sumita Devi et al, 2022).

Situação socioeconómica da barragem de Ithai

A barragem de Ithai, destinada à produção de eletricidade, foi construída num ponto não estratégico e não científico do rio Manipur, ou seja, após a confluência dos rios Manipur e Khuga, de modo a devastar as futuras gerações de Manipur. O impacto da barragem de Ithai não se limita apenas à submersão de terras agrícolas e à destruição dos meios de subsistência da população. A barragem de Ithai foi responsável por uma série de inundações em Manipur, uma vez que o projeto NHPC Loktak se recusou, em várias ocasiões, a abrir as comportas da barragem de Ithai, o que levou à submersão generalizada de zonas agrícolas e ao desequilíbrio do ecossistema do lago. (Jugindro Singh, 2018)

Figura 1.8: Relva flutuante (*Phumdis*) depositada em frente à barragem *Foto:* (fonte: captura de vídeo ANI/YouTube)

Características físicas da barragem de Ithai e da zona de captação do lago Loktak:

A elevação do lago Loktak é de 768 mts. (2.520 pés) AMSL; elevação do local da barragem de Ithai: 777,84 mts (2.552 ft) AMSL; A diferença entre o nível da água do lago Loktak e a altura da barragem é de 9,75 mts (31ft.11 inches); superior ao nível da água do lago Loktak. (Jugindro Singh, 2018)

Quadro 1.6: Nível da água da barragem de Ithai e das bacias hidrográficas de Loktak:

Sl.No.	Estação (Localização)	Altitude Elevação a partir de AMSL)	Sl. Não.	Estação (Localização)	Altitude (Elevação a partir de AMSL)
1	Athokpam	773 m (2.536 pés)	18	Niyanglam	773 m (2.536 pés)
2	Hiyangthang	773 m (2.536 pés)	19	Nongmaikhong	769 m (2.524 pés)
3	Hungoon	772,3 m (2.534 pés)	20	Phoubakchao	773,9 m (2.539 pés)
4	**Ithai**	**2,552 ft. (777. 84** m)	21	Phubala	772 m (2.532 pés)
5	Keibul Lamjao	2,524S ft.(769.1m)	22	Samurou	770 m (2.527 pés)
6	Keinou	773 m (2.536 pés)	23	Sangaiyumpham	773 m (2.536 pés)

7	Khangabok	773 m (2.536 pés)	24	Sekmaijin	775,5 m (2.544 pés)
8	Komlakhong	769,9 m (2.526 pés)	25	Tentha	772 m (2532 pés)
9	Laphupat Tera	772,8 m (2.535 pés)	26	Thinungei	773 m (2.536 pés)
10	Leishangthem	775,1 m (2.543 pés)	27	Thongam	773 m (2.536 pés)
11	**Loktak**	**768 m (2.520 pés)**	28	Thongjao	2532 pés (772 m)
12	Mayang Imphal	769 m (2.524 pés)	29	Toubul	776,6 m (2.548 pés)
13	Moirang	779,1 m (2.556 pés).	30	Uchiwa	772,1 m (2.522 pés)
14	Moijing	774,2 m (2.540 pés)	31	Utlou	770 m (2.527 pés)
15	Nambol	771 m (2530 pés)	32	Wabgai	770 m (2.527 pés)
16	Ningthoukhong	774,8 m (2.542 pés)	33	Waikhong	772 m (2.532 pés)
17	Ningombam (TBL)	774 m (2.539 pés)	34	Yumnam Huidrom	771 m (2.530 pés)

Fonte: Calculado a partir do Google Map. Citado por Singh, 2018.

Impacto nas condições socioeconómicas

A barragem de Ithai, construída no âmbito da central hidroelétrica de Loktak, já se tornou um problema grave para a vida socioeconómica e o ambiente de Manipur, ameaçando a própria sobrevivência do vale enquanto ecossistema viável e sustentável (Kamei, 1993). Também causou a submersão de campos produtivos e de zonas de povoamento. Estima-se que cerca de 83 450 hectares de terras agrícolas de ambos os lados da barragem de Ithai tenham sido afectados (Jugindro Singh, 2018).

CAPÍTULO - 1

1.1. Distribuição mundial da Mimosa aquática

A origem exacta da *Neptunia prostrata* syn. *N. oleracea* não é clara. No entanto, é geralmente aceite como sendo nativa da Ásia tropical, África e América do Sul (Windler, 1966)

Neptunia oleracea Lou. (Syn: N. *Prostrata* (Lam.) Baillon)

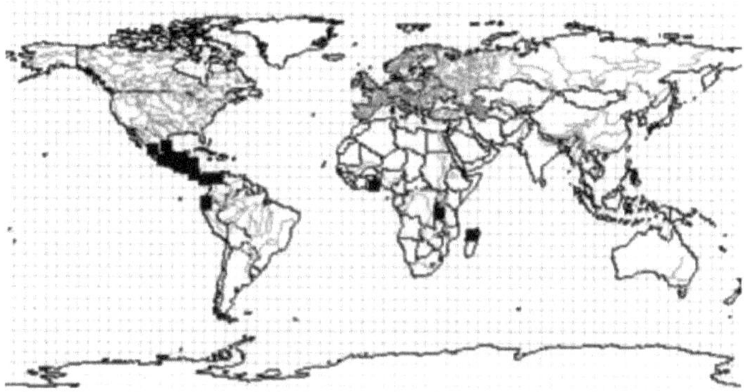

Figura 1.9: Distribuição de *N. oleracea* (base de dados Tropicos W3 do Missouri Botanic Gardens).

África

Nordeste da África tropical: Sudão, Etiópia, Somália

África tropical oriental: Quénia, Tanzânia, Uganda

África tropical centro-ocidental: Burkino Faso, Camarões, Zaire

África tropical ocidental: Benim, Gâmbia, Gana, Mali, Níger, Nigéria, Senegal, Togo

África tropical do Sul: Angola, Burundi, Malawi, Moçambique, Zâmbia, Zimbabué

África Austral: Botsuana, Madagáscar, Namíbia, África do Sul-Natal, Transvaal

Ásia-tropical

Subcontinente indiano: Índia, Sri Lanka

Indo-China: Camboja, Laos, Myanmar, Tailândia (Koo et al. 2000), Vietname

Malésia: Indonésia -Java, Bornéu, Sumatra, Sulawesi, Malásia, Filipinas

América do Norte

México: Sinaloa, Jalisco, Guerrero, Chiapas

América do Sul

Mesoamérica: Belize, Costa Rica, El Salvador, Guatemala, Honduras, Nicarágua, Panamá

Caraíbas: Cuba, República Dominicana, Jamaica, Porto Rico

Norte da América do Sul: Bolívia, Equador, Guiana, Suriname, Venezuela
Brasil: Bahia, Ceará, Pará, Paraná
Oeste da América do Sul: Colômbia, Equador, Peru [Jones, M.H. and Csurhes, S. (2008)]

1.2. Distribuição da Mimosa aquática na Ásia do Sul Oriental e no Sudeste Asiático

Ásia

Distribuição da Mimosa aquática no Sul da Ásia Oriental

A Neptunia oleracea, vulgarmente conhecida como mimosa aquática ou planta sensível, é uma espécie de leguminosa tropical originária da América Central e do Sul. Embora não seja originária da Ásia do Sul Oriental, foi introduzida e naturalizada em várias partes do mundo, incluindo alguns países dessa região. Eis algumas informações sobre a distribuição da *Neptunia oleracea* no Sul da Ásia Oriental:

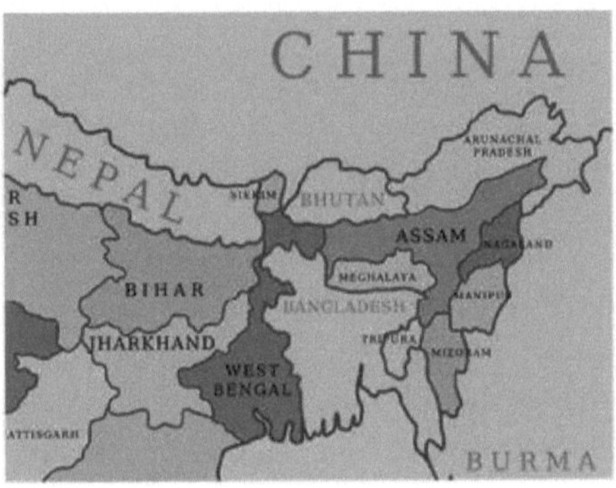

Fig. 1.10: Uma parte da Ásia do Sul Oriental
Fonte: Índia-Bangladesh - Drishti IAS

1. Índia: *Neptunia oleracea* syn. *N. prostrata* foi registada na Índia, particularmente nos estados do nordeste, como Assam, Manipur e Mizoram. Encontra-se frequentemente em zonas húmidas, ao longo das margens de lagoas e em zonas pantanosas.

No vale de Manipur, *a N. oleracea* syn. *N. prostrata* cresce em charcos quentes e estagnados e em riachos de baixa velocidade durante a estação das chuvas (maio a setembro). A planta floresce no terceiro mês do seu ciclo de crescimento (isto é, junho - julho). Nalguns locais, o crescimento da planta é fraco, a floração também ocorre de forma anormal e a nodulação é pouco visível. Esta variação no comportamento da *N. oleracea* deve-se à sua diferente sensibilidade aos fotoperóides, à temperatura, à humidade e à natureza do solo. As plantas preferem intensidade de luz muito brilhante e fotoperóide de dia curto (<12 horas). 25 -30^{00} C é a temperatura óptima para o seu crescimento. Estudos sobre o habitat do solo da planta revelaram que ela prefere solos ligeiramente ácidos (pH5 - 6,5), profundidade do solo (20-50 cm rasos) e fertilidade do solo em altura. (Sagolshemcha, 2012). Além disso, Manipur proporciona condições favoráveis para a propagação em massa da mimosa aquática devido à sua ampla pluviosidade, humidade e amplitude térmica moderada (Singh, 2017).

2. Bangladesh: A mimosa aquática também foi observada no Bangladesh. Encontra-se em habitats semelhantes aos da Índia, incluindo zonas húmidas, lagoas e pântanos.

É importante notar que a distribuição da *Neptunia oleracea* pode variar dentro de cada país e que a espécie pode também estar presente noutros países ou regiões do Sudeste Asiático. Além disso, a presença e a disseminação de espécies introduzidas podem mudar ao longo do tempo, pelo que é sempre boa ideia consultar as referências botânicas locais ou fazer investigação para obter a informação mais actualizada e precisa sobre locais específicos.

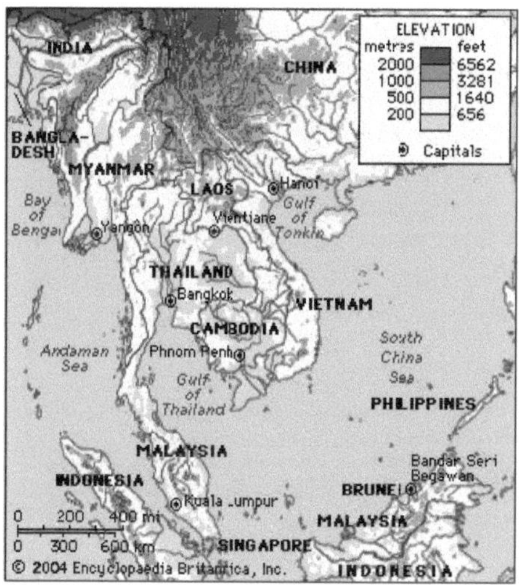

Fig. 1.11: Mapa do Sudeste Asiático **Fonte:** Sudeste Asiático | Mapa, Britannica

Distribuição da Mimosa aquática no Sudeste Asiático

A Mimosa aquática (*Neptunia oleracea*) encontra-se em vários países do Sudeste Asiático. Segue-se uma lista dos países onde se sabe que a Mimosa aquática se encontra distribuída na região:

1. Tailândia: A Mimosa aquática é comum na Tailândia, particularmente nas regiões central e sul. Cresce em zonas húmidas, lagoas e ao longo das margens dos rios.

2. Vietname: A Mimosa aquática pode ser encontrada no Vietname, especialmente na região do Delta do Mekong. Desenvolve-se em habitats de

água doce, incluindo zonas húmidas, lagos e rios.

3. Camboja: A Mimosa aquática distribui-se no Camboja, sobretudo em zonas húmidas e ao longo do rio Mekong. Encontra-se frequentemente em planícies aluviais e pântanos.
4. Laos: Sabe-se que a Mimosa aquática cresce no Laos, particularmente em habitats de zonas húmidas, como planícies aluviais, pântanos e ao longo de rios.
5. Myanmar: A Mimosa aquática pode ser encontrada em Myanmar (anteriormente conhecida como Birmânia). Ocorre em zonas húmidas, lagoas e ao longo das margens de rios e lagos.
6. Malásia: A Mimosa aquática encontra-se distribuída na Malásia, sobretudo em habitats de zonas húmidas, incluindo pântanos, brejos e ao longo das margens dos rios.
7. Indonésia: A Mimosa aquática encontra-se em partes da Indonésia, especialmente em zonas húmidas e ao longo das margens dos rios em regiões como Sumatra e Kalimantan.
8. Filipinas: A Mimosa aquática pode ser encontrada nas Filipinas, sobretudo em habitats de zonas húmidas, lagos e ao longo das margens dos rios.

SECÇÃO - II

FIXAÇÃO DE N2 POR BACTÉRIAS DE NÓDULOS RADICULARES DE MIMOSA AQUÁTICA

CAPÍTULO - 2

2.1: Fixação de N2 por bactérias de nódulos radiculares de Mimosa d'água [*Neptunia prostrata* (Lam.)] Feixe e simbiose de nódulos radiculares

Alguns tipos de bactérias formaram uma relação simbiótica com o aerênquima e os rizomas da mimosa aquática, que são o que torna possível a fixação do azoto. O azoto é utilizado tanto pela mimosa aquática como pelas plantas vizinhas. Enraíza-se a partir dos seus nós e tem caules rastejantes, tornando esta planta bastante fácil de cultivar - e um potencial incómodo, uma vez que se espalha em tapetes espessos se não for mantida sob controlo. (Rebecaa, 2019)

Características fisiológicas e bioquímicas do isolado de nódulo

Gram-negativo, móvel, não formador de esporos, não capsulado, em forma de bastonete e aeróbico, mas pode crescer em condições anaeróbicas. As células tinham um diâmetro de 0,9 - 1,2 nm e um comprimento de 2-3 um. O crescimento foi evidente a temperaturas entre 10 - 42 °C e pH 6 - 10; o crescimento ótimo foi observado a 28 - 36 "C e pH 7 - 8. Pode tolerar uma concentração de 2% de NaCl no meio de crescimento.

Os seguintes caracteres foram positivos para a estirpe tipo: redução de nitratos, utilização de citratos, teste da catalase, teste da oxidase e produção de ácido a partir de manitol. Os resultados foram negativos para o teste de indol, teste de vermelho de metilo, teste de Voges Proskauer, produção de H_2S, produção de gás a partir de glucose, hidrólise de gelatina, hidrólise de amido, ornitina descarboxilase, lisina descarboxilase, hidrólise de Tween 20, hidrólise de Tween 40, hidrólise de Tween 60, produção de ácido a partir de dextrose, lactose e sacarose.

Identificação/Confirmação A cultura da estirpe de Rhizobium

A cultura da estirpe *Rhizobium* foi confirmada como *Rhizobium leguminosarum* (MTTC n.º 10096) pelo IMTECH, Chandigarh.

Estudo do processo de formação de nódulos

Mornhologia e sítios de nodulação nas raízes de *Neptunia prostrata* (Lam.) Baill.

A Neptunia prostrata desenvolveu nódulos abundantes que fixam ativamente o azoto atmosférico. Os nódulos tinham várias formas e tamanhos. Macroscopicamente, tinham 1-11 mm de comprimento e 1-3 mm de diâmetro. Os nódulos formaram-se muito perto do caule e pareciam estar ligados a ele. Os nódulos radiculares também se formaram noutras partes do sistema radicular, mas estavam confinados à base da raiz (Placa I. Fig. 2.1.1 a&b). O exame estereomicroscópico revelou que o sistema vascular dos nódulos estava sempre ligado às raízes adventícias, mas não ao caule propriamente dito (Plate I. Fig. 2.1.2 & 2.1.3). Secções transversais de nódulos ao microscópio de campo claro revelaram que os nódulos continham uma grande zona central de infeção rodeada por um córtex de nódulo periférico não infetado que continha elementos vasculares (placa II. Fig. 2.1.4 a&b). Foi também observada uma camada de corpos coloridos com 5-6 células de espessura, que conferem a típica cor vermelha viva às raízes e aos nódulos de *Neptunia prostrata*. A secção transversal do nódulo radicular ao microscópio de campo claro revelou uma grande zona de células não infectadas em direção à ponta do nódulo, mostrando um meristema apical ativo que produz novas células para o crescimento ao longo da vida do nódulo (placa II. Fig. 2.1.5). O resultado é um nódulo com uma forma geralmente cilíndrica.

Formação de nódulos

O exame microscópico em plântulas inoculadas com uma semana de idade, através de microscópio eletrónico de varrimento, revelou uma forte colonização bacteriana na superfície da raiz da planta (*Neptunia prostrata*), incluindo células epidérmicas e os tecidos da raiz. A microscopia mostrou que a bactéria colonizou a superfície da raiz e entrou através da cavidade da ferida da fissura natural criada durante a emergência das raízes laterais (Placa III. Fig. 2.1.6 a&b).

A bactéria (estirpe *Rhizobium*) entrou através dos espaços intracelulares do sistema radicular e depois iniciou a formação de nódulos radiculares. Em condições microbiologicamente controladas, os nódulos não se formaram na raiz primária até e a menos que houvesse a emergência da raiz secundária. No habitat natural, os primórdios dos nódulos foram formados na raiz jovem emergida do caule, mas não no próprio caule (Placa I. Fig. 2.1.3).

A microscopia eletrónica de varrimento revelou que a bactéria penetrou profundamente no tecido da raiz da planta e iniciou a formação do nódulo radicular (Placa III. Fig. 2.1.7). A bactéria multiplicou-se dentro das fissuras/células mortas e infectou os tecidos meristemáticos em desenvolvimento no córtex incipiente da raiz. Em seguida, os primórdios dos nódulos desenvolvem-se através de um tecido meristemático apical e são continuamente infectados por *Rhizobium* através de fios de infeção à medida que o nódulo cresce. Depois de entrar através dos espaços intracelulares, as bactérias colonizaram bolsas abertas na periferia dos nódulos jovens. À medida que a colonização bacteriana continua mais profundamente no nódulo, forma uma estrutura tubular que dá origem a fios de infeção que penetram nas células hospedeiras adjacentes (Placa IV. Fig. 2.1.8 a&b).

A micrografia eletrónica de transmissão mostrou que a bactéria, depois de colonizar e se multiplicar nos espaços intracelulares entre duas células adjacentes, infectou intracelularmente a partir de uma estrutura tubular e formou fios de infeção intracelular dentro das células do nódulo. O fio de infeção alargou-se na ponta do túbulo, dando origem a uma gotícula de infeção. A bactéria migrou então do lúmen da gotícula de infeção para o citoplasma das células do nódulo hospedeiro. A bactéria multiplicou-se então por fissão binária, ocupando toda a matriz das células hospedeiras (placa V. Fig. 2.1.9 a-c).

Fig. 2.1.1a: *Neptunia prostrata* (Lam.) Baill. Mostra um conjunto de nódulos radiculares com tecido aerenquimatoso flutuante.

Fig. 2.1.1b: Caule de *Neptunia prostrata* (Lam.) Baill. Apresentando nódulos radiculares indeterminados.

Fig. 2.1.2: Estero-micrografia de um nódulo radicular primordial jovem formado na base da raiz lateral.

Fig. 2.1.3: Micrografia de campo claro de um nódulo radicular excisado mostrando a conexão vascular do nódulo com o sistema vascular da raiz (x150).

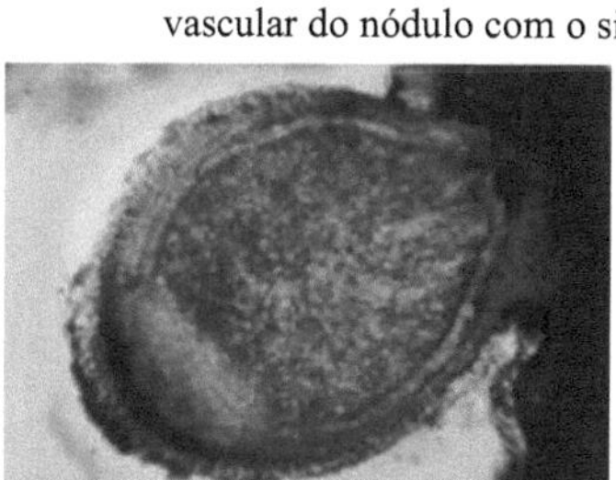

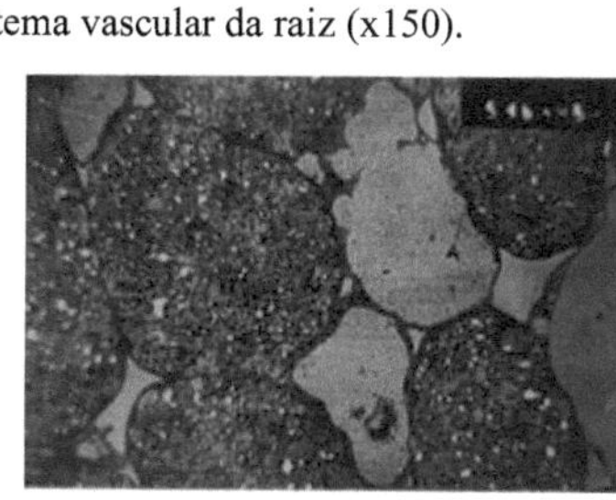

Fig. 2.1.4a: Micrografia de campo claro (BM) de LS com uma grande zona central de infeção rodeada por um córtex de nódulo periférico não infetado com elementos vasculares (x150).
Fig. 2.1.4b: Micrografia eletrónica de transmissão (TEM) mostrando uma secção de nódulo radicular com células infectadas e não infectadas (x1400).

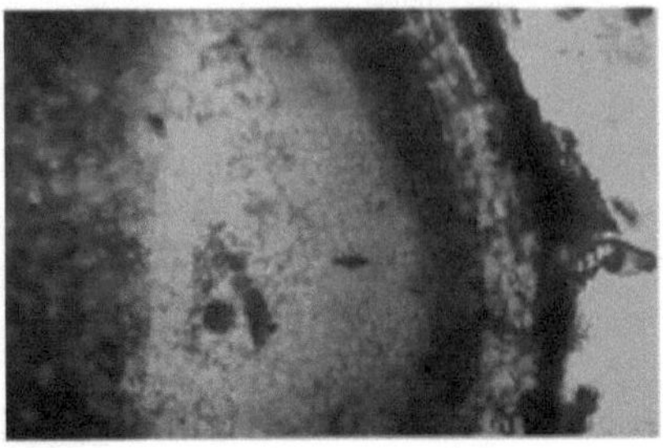

Fig. 2.1.5: Uma camada de corpos coloridos do nódulo da raiz mostrando a cor típica do nódulo e da raiz de *Neptunia prostrata* (x300).

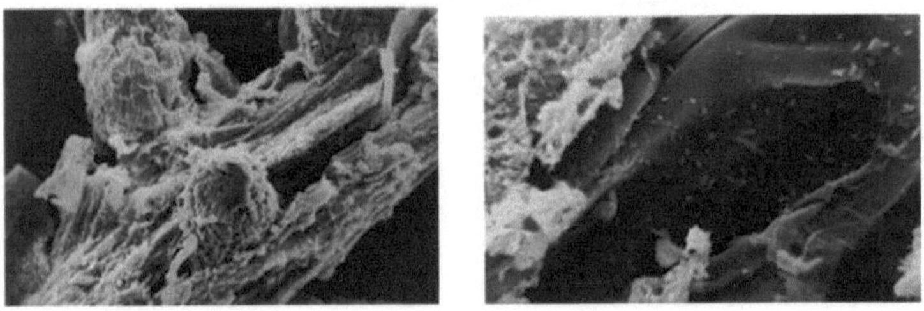

Fig. 2.1.6a: Micrografia eletrónica de varrimento (MEV) da ferida naturalmente rompida na superfície de uma raiz primária causada pela emergência de uma raiz lateral (x100).
Fig. 2.1.6b: Colonização bacteriana na superfície do tecido radicular rompido (x2500).

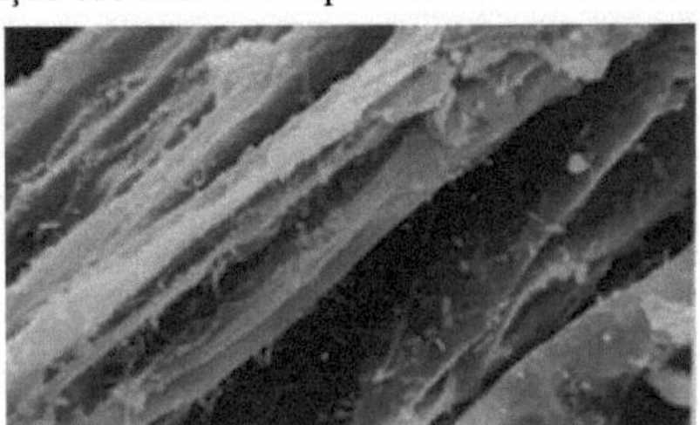

Fig. 2.1.7: Micrografia eletrónica de varrimento (SEM) mostrando a colonização bacteriana em profundidade nos tecidos radiculares de *Neptunia prostrata* (x2000).

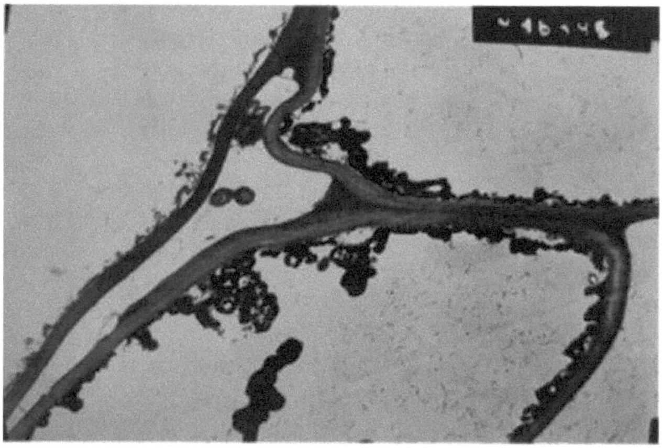

Fig. 2.1.8a: Micrografia eletrónica de transmissão (TEM) mostrando a colonização bacteriana entre células hospedeiras não infectadas mais profundamente no córtex do nódulo (x2000).

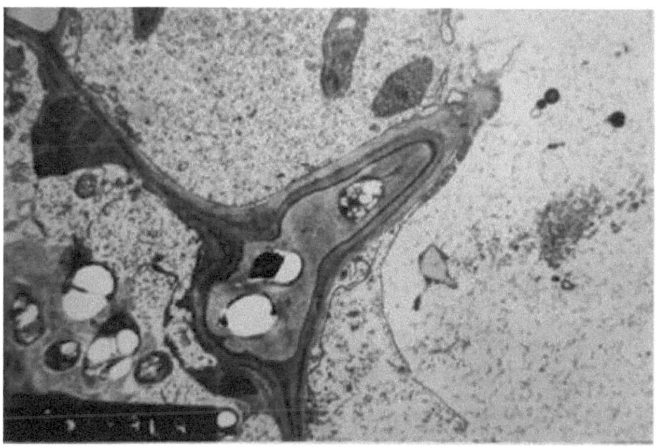

Fig. 2.1.8b: Micrografia eletrónica de transmissão (TEM) mostrando infeção intercelular e desenvolvimento de fios tubulares intracelulares de infeção dentro do nódulo (x6700).

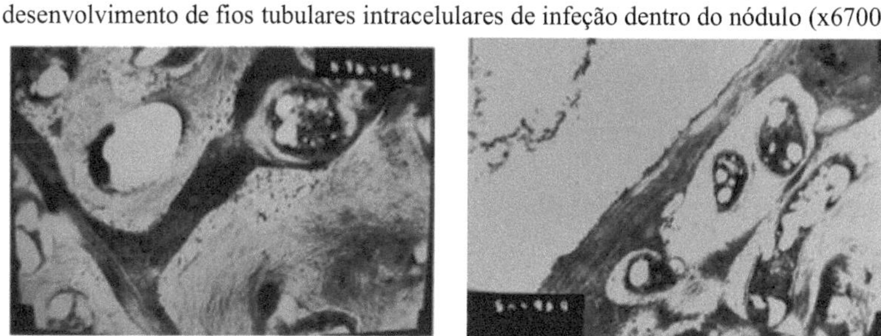

Fig. 2.1.9a: Micrografia eletrónica de transmissão (TEM) mostrando a bactéria libertada da gotícula de infeção e o desenvolvimento do estado bacteriano endossimbiótico na célula hospedeira infetada (x20.000).

Fig. 2.1.9b: Micrografia Eletrónica de Transmissão (TEM) de uma secção de nódulo de raiz mostrando bactérias endossimbióticas que se multiplicam dentro do nódulo por fissão binária (x3000).

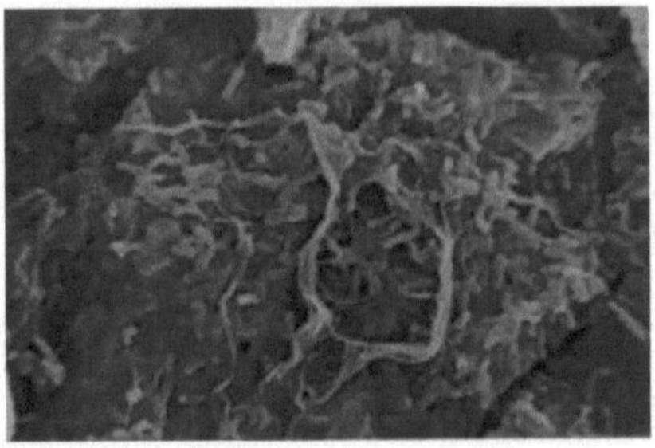

Fig. 2.1.9c: Micrografia eletrónica de varrimento (SEM) de uma secção de nódulo radicular de *Neptunia prostrata* mostrando bactérias endossimbióticas ocupando toda a matriz da célula do nódulo hospedeiro (x3000).

Os estudos podem ser resumidos da seguinte forma

1. *Neptunia prostrata* syn. *N. oleracea* formou uma relação simbiótica única de nódulo radicular com o isolado de nódulo *Rhizobium leguminosarum* (MTTC n.º 10096), formando um nódulo indeterminado de forma cilíndrica.
2. O modo de entrada do rizóbio foi através da cavidade da ferida da fissura natural criada durante a emergência das raízes laterais e depois iniciou a formação de nódulos radiculares.
3. A bactéria entrou através dos espaços intracelulares entre duas células adjacentes infectadas intracelularmente a partir de uma estrutura tubular e formou filamentos de infeção intracelular dentro das células do nódulo. O fio de infeção alargou-se na ponta do túbulo, dando origem a uma gota de infeção.
4. As bactérias migraram do lúmen da gotícula de infeção para o citoplasma das células do nódulo hospedeiro, multiplicando-se depois por fissão binária, ocupando toda a matriz das células hospedeiras.

2.2: Estirpe potencial de bactérias fixadoras de azoto encontrada na Mimosa aquática (*Neptunia prostrata)* para possível fixação de N2 na atmosfera

Resposta do crescimento das plantas à inoculação bacteriana

A Neptunia prostrata (Lam.) Baill. foi inoculada com *Rhizobium leguminosarum* MTCC n.º 10096 para avaliar a eficácia do isolado bacteriano para uma possível fixação de azoto atmosférico. O isolado bacteriano mostrou um efeito pronunciado no crescimento e na produção de biomassa da planta (Quadro 2.1). A planta inoculada apresentou um aumento de cerca de 41,8% no comprimento dos rebentos e de 43,34% na biomassa total em relação às amostras não inoculadas. Houve um aumento acentuado em N (%) por amostras de plantas secas na planta inoculada. O estudo mostrou um aumento de cerca de 458,3 % em N (%) por amostras de plantas secas em plantas inoculadas em relação às não inoculadas. A investigação das propriedades bioquímicas do solo após 10 semanas mostrou que houve uma redução de 10,20% no N total na rizosfera de plantas não inoculadas e um aumento de 71,42% no N total na rizosfera de plantas inoculadas em relação ao solo pré-plantado.

Tabela. 2.1: Respostas de crescimento de *Neptunia prostrata* à aplicação de *Rhizobium leguminosarum* MTCC No. 10096 após 70 dias

Experiências	**Planta não inoculada**	**Planta inoculada**	**Aumento da percentagem em relação à amostra de plantas não inoculadas**
N.º de nódulos	0	44.8	
Peso do nódulo (mg)			
Por nódulo	0	1.2	
Por planta	0	55.7	
Comprimento da planta			
Atirar	18.4	26.1	41.8
Raiz	10.8	11.7	8.3
Peso da planta			
Atirar	326.7	491.8	50.5
Raiz	97.6	116.4	19.3
% N na planta seca	0.12	0.67	458.3
Amostra			
Total N (g N Kg^{-1} solo)	2.2	4.2	90.9

(Soja pré-plantada . N total=2,45 g N kg^{-1} solo)

Interação simbiótica entre Rhizobium e *Neptunia prostrata* (Lam.) Baill.

A leguminosa aquática foi encontrada a crescer em todos os quatro distritos do vale de Manipur, que incluem os distritos de Imphal east, Imphal west, Thoubal e Bishnupur. As amostras de plantas foram levadas para o laboratório para examinar as suas características e a estrutura dos nódulos. As sementes foram colhidas no local do estudo, secas ao sol e guardadas para investigação posterior. Um grupo de 5 plantas de 30 cm de comprimento a partir da ponta foi selecionado aleatoriamente em cada local de estudo. As plantas foram cuidadosamente lavadas em água corrente contínua da torneira para remover os detritos. Foram registados o número, o tamanho e o peso fresco dos nódulos. Os nódulos firmes e intactos de tamanho semelhante foram excisados com uma lâmina de barbear afiada. Cortes finos de nódulos foram corados com azul de metileno e observados ao microscópio de campo claro.

Os isolados bacterianos foram isolados de nódulos frescos de amostras de plantas pelo método padrão em meio YMA (Vincent, 1970). As colónias isoladas foram colhidas e a sua pureza foi verificada por estrias repetidas e por exame microscópico.

As sementes de *Neptunia prostrata* foram escarificadas e esterilizadas à superfície com 0,1 HgCl2 durante 5-10 min. seguido de lavagem com água destilada estéril. As sementes foram então deixadas durante 30 segundos em álcool absoluto, seguido de uma lavagem rápida com água destilada estéril até que todos os vestígios de álcool fossem removidos. As sementes foram germinadas em placas de Petri estéreis com 2 ml de água estéril e toalhas de papel de camada dupla durante 24 horas. As plântulas foram transferidas para tubos de cultura estéreis contendo $Ca_3(PO_4)_2$ 0,2%; K2HPO4 0,05%; MgSO4 7H2O 0,02%; NaCl 0,02%; FeSO4 10 ppm; MnSO4. 4H2O 1 ppm; Na2MoO4 1 ppm para suplemento de crescimento da planta. Cada tubo de cultura contém 10 ml do caldo e suportou o crescimento de 3 plântulas durante um máximo de 8 semanas. 0,1 ml de culturas com 48 horas de idade foram inoculados para ensaios de nodulação de raízes. As plantas inoculadas foram comparadas com plantas de controlo não inoculadas.

Microscopia de plantas por método SEM

As características da superfície do caule, das raízes e dos nódulos de *Neptunia prostrata* foram examinadas ao microscópio eletrónico de varrimento. Os tecidos foram fixados a 4°C em fixador de Karnovsky. Em seguida, foram lavados com tampão cacodilato de sódio 0,1, com três mudanças de 15 minutos cada, a 4°C, depois desidratados progressivamente numa série de acetona, secos pelo método do tetra-metil-silano (TMS) durante 5-10 minutos e levados à temperatura ambiente para secar. Finalmente, são montadas em suportes de latão/alumínio e submetidas a pulverização catódica com 35 mm de ouro.

Microscopia de plantas pelo método TEM

O caule, a raiz e os nódulos foram fixados durante a noite no fixador de Karnovsky a 4°C, depois lavados com tampão cacodilato de sódio 0,1 M, pós-fixados com tetraóxido de ósmio a 1% em tampão cacodilato de sódio 0,1 M a 4°C, depois lavados com o mesmo tampão, desidratados progressivamente numa série de acetona a 4°C. Os tecidos foram então desidratados em acetona a 100% durante 30 minutos à temperatura ambiente e, em seguida, limpos com óxido de propileno, infiltrados com óxido de propileno e novamente infiltrados com óxido de propileno e meio de inclusão. Finalmente, os tecidos foram incorporados e polimerizados. Foram então cortadas secções ultra-finas dos tecidos e observadas no MET.

Teste de inoculação cruzada

A capacidade de nodulação do isolado de Rhizobium de N. *prostrata* foi examinada em certas plantas leguminosas de importância económica encontradas em Manipur. As leguminosas foram cultivadas em vasos de plástico cheios de vermiculite esterilizada. A nodulação das leguminosas testadas foi verificada conforme descrito por Vincent (1970). As plantas foram irrigadas regularmente com água destilada esterilizada e incubadas numa mistura de 14 horas (25°C) de luz e 10 horas (20°C) de escuridão.

Morfologia dos nódulos radiculares de *Neptunia prostrata*

A Neptunia prostrata produziu nódulos em abundância. Os nódulos eram de várias formas e tamanhos (Figs. 2.2.1a, 2.2.1b). Macroscopicamente, tinham 1-11 mm de comprimento e 1-3 mm de diâmetro. Os nódulos foram formados muito perto do caule e pareciam estar ligados a eles. Os nódulos radiculares também se formaram noutras partes do sistema radicular, mas estavam concentrados na base da raiz (Fig. 2.2.1a). As principais vantagens de ter nódulos em raízes que surgem do caule flutuante é que as vias de ar são mantidas a um mínimo (James et al., 1992a) e, portanto, a simples difusão de O_2 através da via interligada de caule/raiz/nódulo/aerênquima/lenticelas é suficiente para suprir as necessidades respiratórias do nódulo (Loureiro et al.,1992). O exame estereomicroscópico revelou que os sistemas vasculares dos nódulos estão sempre ligados às raízes adventícias mas não ao próprio caule (Figs. 2.2.2 & 2.2.3). Uma observação semelhante foi feita por James et al. (1992a) no seu trabalho sobre *Neptunia plena*. A secção transversal dos nódulos ao microscópio de luz brilhante revelou que os nódulos contêm uma grande zona central infetada rodeada de elementos vasculares no córtex periférico do nódulo (Fig. 2.2.4). Também se observou uma camada de corpos coloridos com 5-6 células de espessura, que conferem a cor vermelha brilhante típica das raízes e dos nódulos de *Neptunia prostrata*. A secção transversal revelou uma grande zona de áreas não infectadas em direção ao nódulo da raiz, ao microscópio de campo claro a ponta do nódulo mostrava um meristema apical ativo que produzia novas células para o crescimento ao longo da vida do nódulo. Os nódulos tinham geralmente uma forma cilíndrica.

Fig. 2.2.1a: *Neptunia prostrata* mostrando aglomerado de nódulos radiculares com tecido matoso arenoso flutuante

Fig. 2.2.1b: Uma raiz indeterminada madura nódulo de *Neptunia prostrata*

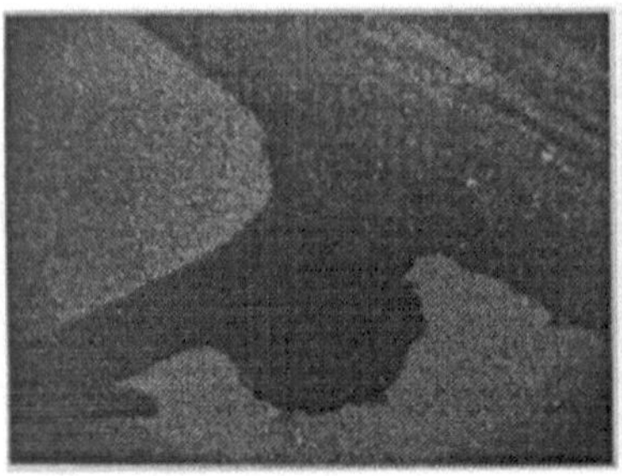

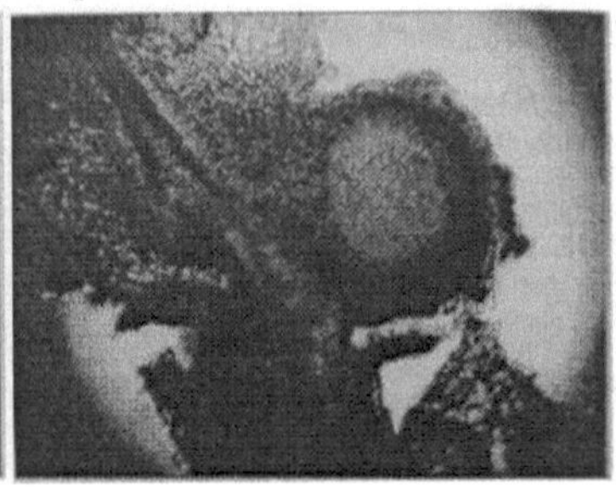

Fig. 2.2.2: Esterio-micrografia de um nódulo radicular primordial jovem formado na base da raiz lateral

Fig. 2.2.3: Micrografia de campo claro de um nódulo de raiz excisado mostrando a conexão vascular do nódulo com o sistema vascular da raiz 150x

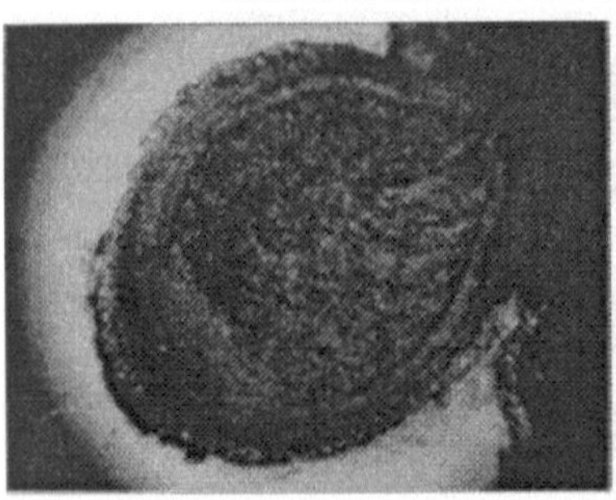

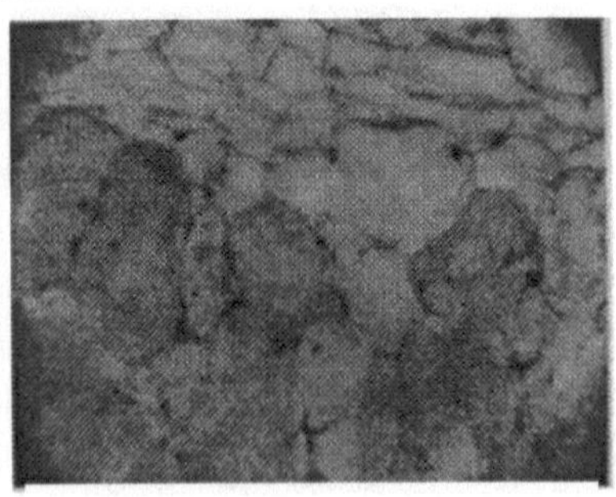

Fig. 2.2.4a: Micrografia de campo claro de uma secção longitudinal com uma grande zona central infetada rodeada por um córtex de nódulo periférico não infetado que contém elementos vasculares e uma camada de células com corpos coloridos. 150x

Fig. 2.2.4b: Secção de um nódulo radicular mostrando células infectadas e não infectadas. 600x

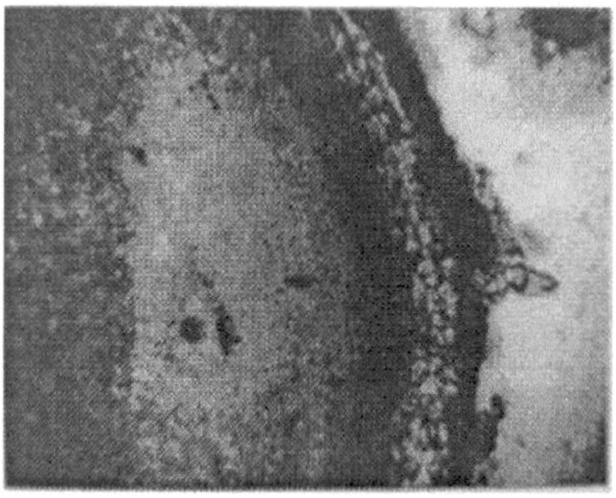

Fig. 2.2.4c: Corpos coloridos dos nódulos radiculares mostrando a cor típica do nódulo e da raiz de *Neptunia prostrata* 300x

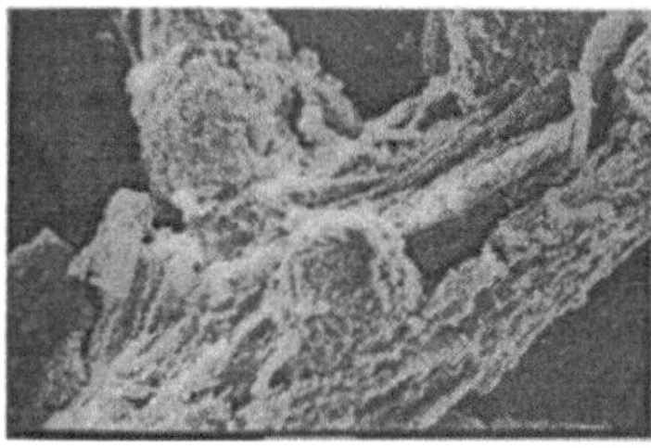

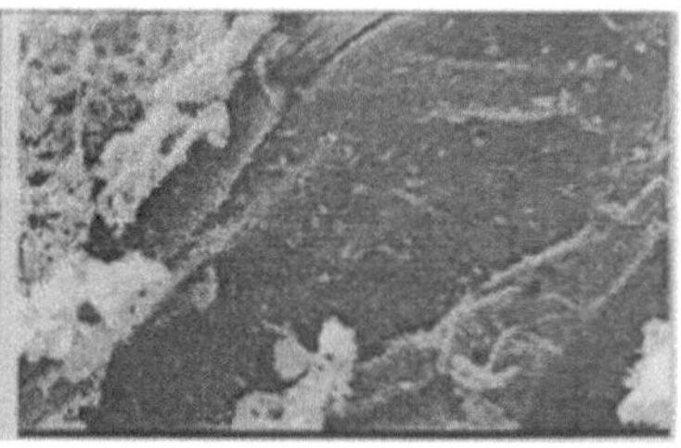

Fig. 2.2.5a: Micrografia eletrónica de varrimento da ferida natural de rutura na superfície de uma raiz primária causada pela emergência de uma raiz lateral. 100x

Fig. 2.2.5b: Colonização bacteriana na superfície do tecido raptado. 2500x

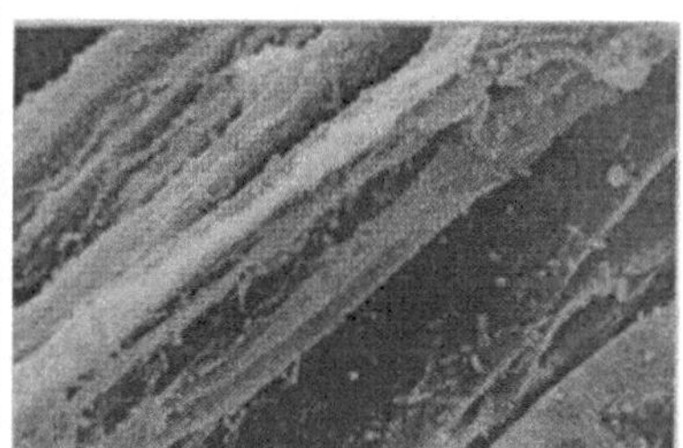

Fig. 2.2.6: Nódulo radicular formado numa raiz lateral longe da base da raiz adventícia e do caule

Fig. 2.2.7: Micrografia eletrónica de varrimento mostrando a colonização bacteriana em profundidade no tecido radicular de *Neptunia prostrata* 2000x

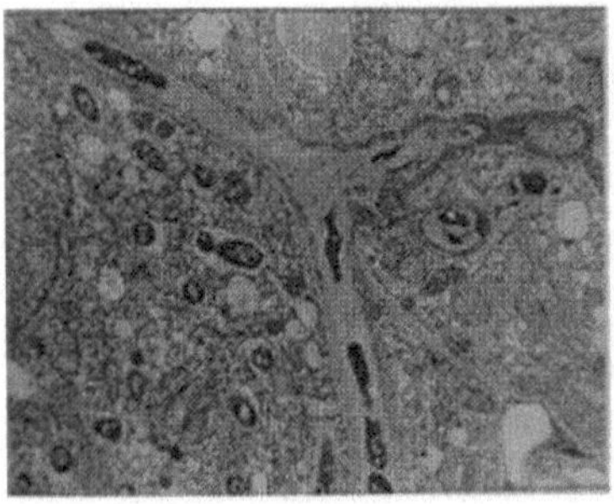

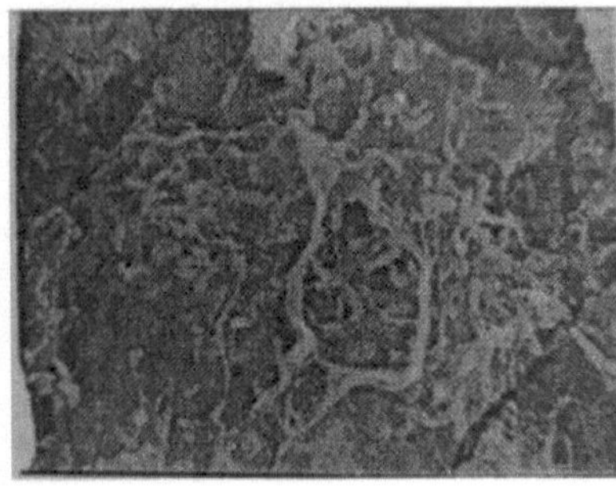

Fig. 2.2.8: Micrografia eletrónica de transmissão de uma secção de um nódulo radicular, mostrando um fio de infeção multibranqueado; bacteróide endossimbiótico; gotícula de infeção. 13100x

Fig. 2.2.9: Micrografia eletrónica de varrimento de uma secção de um nódulo radicular mostrando bactérias endossimbióticas que ocupam toda a matriz da célula do nódulo hospedeiro. 3000x

Processo de formação de nódulos radiculares em *Neptunia prostrata*

O exame microscópico de uma plântula inoculada de idade fraca por SEM revelou uma forte colonização bacteriana na superfície da raiz da planta, incluindo células epidérmicas e mais profundamente no tecido da raiz. A microscopia mostrou que a bactéria colonizou a superfície da raiz e entrou através da cavidade da ferida da fissura natural criada durante a emergência das raízes laterais (Figs. 2.2.5a, 2.2.5b).

A bactéria entrou através dos espaços intracelulares do sistema radicular e depois iniciou a formação de nódulos radiculares. Em condições microbiologicamente controladas, os nódulos não se formaram na raiz primária até e a menos que houvesse o surgimento da raiz secundária. No habitat natural, os nódulos primordiais foram formados na raiz jovem emergida do caule, mas não no próprio caule. No caso de emergência de raiz adventícia que emergiu da raiz lateral, os nódulos primordiais foram formados na raiz adventícia assim como na raiz lateral. Os nódulos formaram-se na raiz lateral longe do local de emergência da raiz adventícia (Fig. 2.2.6). A microscopia eletrónica de varrimento revelou que a bactéria penetrou profundamente no tecido da raiz da planta e formou um nódulo radicular noutro local da raiz (Fig. 2.2.7). A bactéria multiplicou-se dentro da fissura/células mortas e infectou o tecido meristemático em desenvolvimento no córtex incipiente da raiz. O nódulo primordial desenvolveu-se então num tecido meristemático apical e foi continuamente infetado pelo rizóbio através de fios de infeção à medida que o nódulo crescia.

Depois de entrar através dos espaços intracelulares, a bactéria colonizou bolsas abertas na periferia do nódulo jovem. À medida que a colonização bacteriana continuava mais profundamente no nódulo, formava uma estrutura tubular que dava origem a fios de infeção que penetravam nas células hospedeiras adjacentes. A micrografia eletrónica de transmissão (Fig. 2.2.8) mostrou que a bactéria, depois de colonizar e se multiplicar nos espaços intracelulares entre duas células adjacentes, infectou intracelularmente e produziu uma estrutura tubular de fios de infeção intracelular dentro das células do nódulo. O fio de infeção alargou-se na ponta do túbulo, dando origem a uma gotícula de infeção. A bactéria migrou então do lúmen da gotícula de infeção para o citoplasma das células do nódulo hospedeiro. A bactéria multiplicou-se então por fissão binária, ocupando toda a matriz das células hospedeiras.

Gama de hospedeiros do isolado nodular de *Neptunia prostrata*

O isolado nodular Ahizobium AN-01 de *Neptunia prostrata* foi testado em certas culturas economicamente importantes de Manipur. As estirpes nodularam eficazmente Phaseolus vulgaris var las logo no espaço de duas semanas. Verificou-se também que a estirpe incitava a formação de nódulos nas raízes de *Phaseolus vulgaris* var 2, *Vigna sinensis* S e *Vignia cylindrica.* O teste de inoculação em 4 variedades locais de *Pisum sativum*, 2 variedades de *Glycine* max, 2 variedades de *Cicer aretinum* e *Vigna umbellata* foi considerado negativo (Quadro 2.2).

Vários trabalhadores relataram o processo de infeção rizobial nas leguminosas mimosoides aquáticas *Neptunia* sp. (Schaede, 1940; Debellera, 1986; Subha Rao et al., 1995) e N. plena (James et al., 1992a). No entanto, um problema potencial com um ambiente aquático é que os sinais de reconhecimento planta-bactéria necessários para a indução do processo de nodulação (Sprent, 1989; Brewin, 1991; Hirsch. 1992) podem ser demasiado diluídos. Subha Rao et al., (1995) sugeriram que as fissuras ou feridas produzidas por leguminosas aquáticas com um processo de infeção sem pêlos radiculares podem permitir a acumulação de factores indutores de genes de nodulação (por exemplo, flavonóides; produzidos pela planta) e factores indutores de nódulos (por exemplo, oligossacáridos de lipchitina) (Spaink, 1995). Era possível que os densos tapetes de vegetação da planta permitissem a acumulação destes produtos químicos. Isto foi apoiado pelo trabalho de James et al., (1992a) que mostrou que o extrato de caule de *N. plena* tinha uma atividade indutora substancial de genes de nódulos. Curiosamente, não foram observados nódulos radiculares quando as plantas foram cultivadas em massas de água em movimento. A molécula de sinalização para os factores indutores de nódulos pode provavelmente ser lavada e transportada pela água em movimento.

Quadro 2.2: Resposta de algumas leguminosas economicamente importantes de Manipur à inoculação de *Rhizobium* AN- 01 isolado de nódulo de *Neptunia prostrata*

Nome das plantas	N.º de semanas				
	1º	2.o	3ª	4.o	5ª
Cicer arietinum L. varl (Nome local: Chana achouba)					
Cicer arietinum L. var2 (nome local: Chana)					
Glycine max var 1 (Nome local: Nung-hawai macha)					
Glycine max var 2 (Nome local: Nung-hawai achouba)	-	-	-	-	-
Phaseolus vulgaris var 1 (Nome local: Hawai Kalandri)	-	+	+	+	+
Phaseolus vulgaris var 2 (Nome local: Rajma)	-	-	-	+	+
Pisum sativum var 1 (Nome local: Hawaithrak makhayatmubi)	-	-	-	-	-
Pisum sativum var 2 (Nome local: Hawaithrak arangbi)					
Pisum sativum var 3 (Nome local: Hawaithrak asangba)					
Pisum sativum var 4 (Nome local: Mangal)	-	-	-	-	-
Vicia faba (Nome local: Hawai mubi)	-	-	-	-	-
Vigna umbellata (Nome local : Chawai)					
Vigna cylindrica (Nome local : Pong hawai)			+	+	+
Vigna sinensis (Nome local: Hawai asangbi)			+	+	+

A caraterização do isolado de nódulos de *Neptunia prostrata* mostrou que se tratava provavelmente de uma nova espécie de *Rhizobium*, até agora não reconhecida. As características invulgares dos isolados de *Rhizobium* de *Neptunia* sp. e a capacidade de fixar azoto atmosférico no ecossistema aquático constituem uma abordagem positiva para uma técnica agrícola ecológica. Devem ser efectuados mais estudos para uma melhor compreensão da biologia da simbiose Rhizobium-Neptunia *prostrata* e para explorar o potencial destas bactérias invulgares.

2.3: Influência da uréia e do composto de esterco de curral como fonte de N na associação de simbiose entre Rhizobium e *Neptunia* (Symbiosis)

Plantas e inóculo

A estirpe rizobiana nativa, *Rhizobium leguminosarum* (MTTC10096) isolada do nódulo radicular de *Neptunia prostrata* foi utilizada na experiência. A estirpe rizobiana foi cultivada em ágar manitol de extrato de levedura (YEMA) a 28°C. As sementes de *Neptunia prostrata* foram esterilizadas à superfície durante 5-10 minutos numa solução de HgCb a 0,01%, seguida de lavagens repetidas com água destilada estéril. As sementes foram colocadas em toalhas de papel de camada dupla humedecidas e esterilizadas em petridish e deixadas a germinar a 25±1°C durante 24 h. em escuridão contínua. As sementes apresentaram 95% de germinação em 24 h. As sementes germinadas foram transplantadas assepticamente para vasos de cultura contendo solos estéreis.

Envasamento, tratamentos e estado de crescimento

Todos os vasos receberam o nutriente basal antes da plantação (em mg kg^{-1} substrato, Gross et al., 2002 meio modificado: Cloreto de Potássio 60 mg, Fosfato de Cálcio 150 mg, Óxido de Magnésio 40 mg, Sulfato de Zinco 10 mg, Sulfato de Cobre 10 mg, Ácido Bórico 2 mg, Molibdato de Sódio 2 mg, Sulfato de Ferro 2 mg, Sulfato de Manganês 10 mg). Os nutrientes foram cuidadosamente misturados no solo, foi adicionada água até à capacidade de campo e, em seguida, os vasos foram esterilizados. Nutrientes adicionais (20 ml) de solução foram adicionados à superfície de cada vaso a cada 15 dias de intervalo como dose dividida de nutrientes. Para o tratamento com rizobil, mudas esterilizadas foram inoculadas com isolado de *Rhizobium* (10^8 células ml^{-1}) em cada vaso para garantir a nodulação. Foram quatro tratamentos, com dez repetições por tratamento: plantas não inoculadas recebendo adubação mineral sem N (controle negativo); plantas inoculadas (rizóbios) recebendo adubação mineral sem N (controle); plantas inoculadas (rizóbios) recebendo adubação mineral completa com uréia (CH_4N_2O) como fonte de N; e plantas inoculadas (rizóbios) recebendo adubação mineral completa com composto de esterco de curral (FYMC) como fonte de N. A ureia e o FYMC foram fornecidos em três concentrações diferentes. A maior concentração de N total em ambas as fontes de N correspondeu à proporção de P e K do nutriente basal aplicado, ou seja, na proporção de N:P:K=60:40:40. O N total em diferentes concentrações de ureia correspondeu a diferentes concentrações de FYMC, respetivamente (15 mg de ureia: 680 mg FYMC=6,9 mg N; 11,25 mg ureia: 510 mg FYMC=5,2 mg N; 7,5 mg ureia: 340 mg FYMC=3,45 mg N). O composto de estrume de quinta (matéria orgânica 22%, N=1,02%, P=0,8%, K=0,39 mg/100 mg, Ca=2,9 mg/100 mg, Mg=1,54 mg/100 mg, S=0,45%, B=0,02%, Cu=0,003%, Mn=0,13%, Zn=0,03%) foi obtido a partir de estrume de vaca. Toda a instalação foi realizada numa estufa programada para um fotoperíodo de 14 h com um ciclo dia/noite de 28°C/24°C e 70% de humidade relativa durante 10 semanas.

Determinação da percentagem de N e análise estatística

As amostras de plantas foram cuidadosamente lavadas em água corrente contínua da torneira para remover detritos do solo, algas epífitas, etc., da superfície do nódulo e da raiz. Foram registados o número, o tamanho e o peso fresco dos nódulos de *N. prostrata*. Todas as amostras de plantas tratadas foram secas ao ar, à sombra, e as amostras foram divididas em partes de raiz, caule e folhas. Todas as partes foram trituradas num almofariz e pilão até se transformarem em pós finos. A percentagem de N em vários tecidos da planta foi determinada pelo método kjeldah. Os dados relativos ao número de nódulos radiculares e à biomassa, ao crescimento da planta, à produção de biomassa e à percentagem de N em vários tecidos da planta foram analisados separadamente utilizando ANOVA. A diferença crítica entre as médias dos tratamentos foi determinada pelo teste de Duncan a $p=0,05$. Os dados relativos aos valores iniciais da raiz e do rebento não foram incluídos na análise.

Influência no número de nódulos radiculares e na biomassa seca

A presença de diferentes concentrações e fontes de N no solo mostrou uma variação significativa no número e na biomassa dos nódulos radiculares da planta *Neptunia* (Tabela 2.3). Com o aumento da concentração de N (ureia), registou-se uma diminuição acentuada do número e da biomassa dos nódulos radiculares. A ureia apresentou um efeito inibitório na simbiose, mesmo na concentração mais baixa testada. Ureia 15 mg kg^{-1} substrato cultivado com *N. prostrata* teve uma diminuição de cerca de 89,4% na biomassa de nódulos por planta e uma diminuição de 67,4% no número total de nódulos em relação ao controlo. Também se observou um padrão muito semelhante quando as plantas foram cultivadas numa concentração mais elevada de FYMC, embora não tenha havido uma diminuição drástica do número de nódulos e da biomassa da planta *Neptunia*. Não se observaram alterações significativas no número de nódulos e na biomassa em comparação com o controlo quando a planta foi cultivada na concentração mais elevada de FYMC testada. No entanto, em concentrações baixas e médias de FYMC, a planta mostrou um aumento acentuado no número de nódulos e na biomassa. Na planta inoculada com FYMC 340 mg kg^{-1} cultivada em substrato, *a N. prostrata* teve um aumento de cerca de 106,5% na biomassa de nódulos por planta e um aumento de 104,9% no número total de nódulos em relação ao controlo.

Quadro 2.3 Efeito de diferentes concentrações de ureia e de composto de estrume de quinta na simbiose nódulo-raiz de *Neptunia prostrata*

Nível de N (mg kg-1 de substrato)	Quantidade de N (mg)	Nódulo n.º por planta	Aumento do número de nódulos em relação ao controlo	Biomassa seca dos nódulos (mg		Aumento da biomassa de nódulos por planta em relação
				Por nódulo	Por planta	

			(%)			ao controlo (%)
Controlo negativo*						
Controlo		44.8 ± 8.5 a		1.2	55.7 ± 10.9 f	
Ureia 15 mg	6.9	14.6 ± 4.6 b	-67.4	0.3	5.9 ± 1 g	-89.4
Ureia 11,25 mg	5.2	20,2 ± 0,9 c, b	-54.9	0.8	19.2 ± 2.1 h	-65.5
Ureia 7,5 mg	3.4	25.6 ± 5.4 c	-42.8	1.2	29.6 ± 5.2 i	-46.8
CD 0,05		8.1			9.2	
FYMC 680 mg	6.9	52.2 ± 6.5 a	16.5	1.1	57.5 ± 4.1 f	3.2
FYMC 510 mg	5.2	61.6 ± 3.7 d	37.5	1.3	94.4 ± 15.4 j	69.5
FYMC 340 mg	3.4	91.8 ± 16.7 e	104.9	1.3	115±26k	106.5
CD 0,05		12.6			19.5	

*Dados não incluídos na análise de variância

Números seguidos pela mesma letra não são significativamente diferentes a $p>0{,}05$

Influência na biomassa/crescimento de *Neptunia prostrata* (Lam.) Baill

A biomassa da planta mostrou um aumento acentuado com a aplicação de uma concentração mais elevada de N em todas as amostras em relação ao controlo (Quadro 2.4). Na concentração mais elevada e na concentração intermédia de N (ureia) testada, não houve diferenças significativas entre as duas concentrações, embora as duas concentrações tenham sido significativas em relação ao controlo e à concentração mais baixa de N (ureia) testada. A produção de biomassa vegetal mais elevada foi registada nas amostras aplicadas com 15 mg de ureia kg de substrato[1] , que apresentaram um aumento de 26,8% na biomassa vegetal total em relação ao controlo. Nas amostras aplicadas com FYMC, não se registaram diferenças significativas entre as três concentrações de N testadas. O melhor resultado foi mostrado nas amostras aplicadas com 510 mg de FYMC kg 1 de substrato, que mostraram um aumento de 57,1% (aprox.) na biomassa total das plantas em relação ao controlo. No entanto, o FYMC apresentou melhores resultados do que a ureia em termos de rendimento da planta.

Quadro 2.4 Efeito de diferentes concentrações de ureia e de estrume de curral na biomassa vegetal de *Neptunia prostrata*

Nível de N (mg kg-1 de substrato)	Biomassa de rebentos (mg)	Biomassa da raiz (mg)	Biomassa vegetal total (mg)	Aumento da biomassa total das plantas em relação ao controlo (%)
Controlo negativo	326.7 ± 42.1 a	97.6 ± 8.9 f	424.3	-
Controlo	491.8 ± 35.7 b	116.4 ± 10.3 f	608.2	-
Ureia 15 mg	587.6 ± 21.6 c	183.7 ± 36.6 g	771.3	26.8
Ureia 11,25 mg	553.3 ± 15.8 c	178.9 ± 12.5 g	732.2	20.4
Ureia 7,5 mg	511.7 ± 9.3 d	146.4 ± 10.8 h	658.1	8.2

CD 0,05	37.2	24.6	-	-
FYM 680 mg	800.7 ± 19 e	130.9 ± 14.3 j	931.6	53.2
FYM 510 mg	833.1 ± 77 e	122.2 ± 14.2 j	955.3	57.1
FYM 340 mg	759.7 ± 87.7 e	177.2 ± 10.5 k	936.9	54
CD 0,05	71.4	16.2	-	-

Números seguidos pela mesma letra não são significativamente diferentes a *p>0*,05

Diferentes concentrações e fontes de N têm efeitos diferentes no crescimento da planta (Quadro 2.5). Não foram observados resultados significativos quando as amostras de plantas foram tratadas com a concentração intermédia e mais baixa de ureia testada.

O melhor resultado foi registado nas amostras aplicadas com 15 mg de ureia kg de substrato^{1} , que apresentaram um aumento de 23,4% no comprimento dos rebentos em relação ao controlo. No caso do FYMC, os resultados foram mais ou menos semelhantes em todas as concentrações de FYMC testadas. No entanto, os melhores resultados foram obtidos na dose intermédia de 510 mg de FYMC kg^{1} amostras de substrato aplicadas, que mostraram um aumento de 62,45% no comprimento dos rebentos em relação ao controlo.

Quadro 2.5 Efeito de diferentes concentrações de ureia e estrume de curral no comprimento da planta *Neptunia prostrata*

Nível de N (mg kg^{-1} substrato)	Comprimento do rebento (cm)	Aumento do comprimento dos rebentos em relação ao controlo (%)	Comprimento da raiz (cm)
Controlo negativo	18.4 ± 2.2 a	-	10,8 ± 0,8 e, g, h
Controlo	26.1 ± 0.7 b	-	11.7 ± 1 e
Ureia 15 mg	32.2 ± 2.2 c	23.4	14.1 ± 1.2 f
Ureia 11,25 mg	27.6 ± 2.9 b	5.7	14.7 ± 2.6 f
Ureia 7,5 mg	26.4 ± 2.9 b	1.1	12.6 ± 1.6 e
CD 0,05	2.9	-	1.9
FYM 680 mg	41 ± 2.5 d	57.1	12.4 ± 1.9 e
FYM 510 mg	42.4 ± 1.9 d	62.4	9.4 ± 0.4 g
FYM 340 mg	39.3 ± 4.7 d	50.6	11.3 ± 2.2 h
CD 0,05	4	-	1.7

Números seguidos pela mesma letra não são significativamente diferentes a *p>0*,05

Influência da acumulação de azoto em vários tecidos da *Neptunia prostrata* (Lam.) Baill

O teor de N nas folhas, no caule e nas raízes, tanto nas plantas aplicadas com ureia como com FYMC, mostrou uma acumulação máxima nas doses intermédias (Quadro 2.6). Em todas as amostras testadas, as maiores acumulações de N foram encontradas na região da raiz, seguidas do caule e das folhas. Nas amostras tratadas com substrato de ureia 11,25 mg e 7,5 mg kg^{1} , não houve diferenças significativas na acumulação de N% em relação ao controlo, mas nas amostras aplicadas com substrato de ureia 15 mg kg^{1} , houve um declínio drástico na acumulação de N. A assimilação máxima de N foi observada com amostras tratadas com substrato de ureia 11,25 mg kg^{1} , que deram 79,5%, 30,6% e 46,3% (aprox.) de aumento nas concentrações de N% na raiz, caule e folhas, respetivamente, em relação ao controlo. Nas amostras de plantas aplicadas com FYMC, com níveis mais elevados de concentrações de N, verificou-se uma tendência decrescente na acumulação de N em relação ao controlo. A maior acumulação de N foi registada com a dose intermédia de FYMC 510 mg kg^{1} substrato que deu 66%, 60% e 53,7% (aprox.) de aumento nas concentrações de N% na raiz, caule e folhas, respetivamente, em relação ao controlo.

Quadro 2.6: Acumulação de azoto por matéria seca de vários tecidos de *Neptunia prostrata*

Nível de N (mg kg-1 de substrato)	**N assimilado (%) g^{-1} amostra de planta**					
	Folhas	**Aumento do N assimilado em relação ao controlo (%)**	**Caule**	**Aumento do N assimilado em relação ao controlo (%)**	**Raiz**	**Aumento do assimilado d N em relação ao controlo (%)**
Controlo	0.54 ± 0.05 a		0.75 ± 0.02 f		1.12 ± 0.1 l	
Ureia 15 mg	0 73 ± 0.02 b	35.2	0 90 ± 0.03 g	20	1 88 ± 0.03 m	67.8
Ureia 11,25 mg	0.79 ± 0.01 b	46.3	0.98 ± 0.04 h	30.7	2.01 ± 0.03 n	79.5
Ureia 7,5 mg	0.66 ± 0.03 c	22.2	0.86 ± 0.03 g	14.7	1.71 ± 0.2 o	52.8
CD 0,05	0.06	-	0.06	-	0.11	-
FYM 680 mg	0.63 ± 0.02 d	16.7	0.87 ± 0.03 i	16	1.60 ± 0.04 p	42.8
FYM 510 mg	0.83 ± 0.04 e	53.7	1.20 ± 0.05 j	60	1.86 ± 0.07 q	66.1
FYM 340 mg	0.81 ± 0.03 e	50	1.02 ± 0.04 k	36	1.76 ± 0.04 q	57.1
CD 0,05	0.04	-	0.08	-	0.15	-

Os dados para o controlo negativo não foram incluídos na análise de variância
Números seguidos pela mesma letra não são significativamente diferentes a *p>0,05*

Embora o N total fornecido tanto no FYMC como na ureia fosse de igual proporção, o FYMC foi mais benéfico para o desempenho geral da planta. Tal pode dever-se à presença de outros nutrientes vitais no FYMC, para além do N essencial tanto para a planta hospedeira como para o microssimbionte. Além disso, o FYMC tem diferentes formas de compostos de N (por exemplo, nitrato, amoníaco devido a resíduos metabólicos, decomposição microbiana, etc.) que as plantas absorvem prontamente e que podem ter influenciado grandemente os resultados. O número de nódulos e a biomassa seca mostraram um declínio mais pronunciado com níveis crescentes de N. Em todas as amostras, o número e a massa de nódulos foram relativamente altos em concentrações mais baixas de N, mas uma concentração mais alta de N diminui substancialmente o número de nódulos radiculares e a biomassa de nódulos. Nas plantas cultivadas com ureia, registaram-se efeitos negativos da ureia na nodulação em todas as amostras. Várias teorias foram apresentadas para explicar o efeito negativo da alta concentração de N na nodulação induzida por rizóbios. Foi sugerido que os fertilizantes azotados adicionados ao solo podem atrasar o processo simbiótico através da diminuição da multiplicação de rizóbios de vida livre (Dart 1974). A aplicação de uma concentração elevada de fertilizantes azotados diminui a fixação de N, afectando a síntese da enzima nitrogenase pelo organismo fixador de azoto (Bishop et al. 1975; Gordon e Brill 1972 e Sloger 1976) e promove a senescência prematura dos nódulos (Abdel Wahab et al. 1996).

O crescimento e a biomassa das plantas aumentaram substancialmente quando expostas a concentrações cada vez mais elevadas de N, mas na concentração mais elevada de N (ureia e FYMC), não se registou mais nenhum aumento significativo no crescimento e na biomassa das plantas. Significativamente, foi produzida maior biomassa nos níveis intermédios de N (ureia e FYMC). Os dados mostraram que a aplicação de altas concentrações de N (sintético e orgânico) no solo nem sempre foi benéfica. O peso seco dos rebentos mostrou uma resposta mais pronunciada ao N do que as raízes, o que sugere que as partes acima do solo da planta beneficiaram mais do azoto adicional.

Observou-se que diferentes concentrações de N sintético (ureia) tinham diferentes taxas de acumulação de N na planta. Uma concentração mais elevada de N aplicado resulta em taxas de acumulação mais elevadas, mas após uma certa concentração mais elevada, a acumulação de N diminui drasticamente. Resultados semelhantes foram obtidos na aplicação de N orgânico (FYMC), onde a aplicação de maior concentração de N reduziu a acumulação de N na planta. O estudo mostrou que, embora benéfico a baixa concentração, o aumento do estado do N no solo e a aplicação de fertilizante N reduzem a fixação de N2 na planta. O composto de estrume do pátio da quinta é muito mais benéfico do que a ureia, para além do seu valor económico. Melhora a saúde do solo ao aumentar a capacidade de retenção de água, a capacidade de troca catiónica, a menor erosão do solo e o fornecimento de nutrientes às plantas e à microflora do solo, incluindo organismos fixadores de N e solubilizadores de fósforo. Assim, estes resultados apoiam o ponto de vista de que a aplicação de FYMC para o cultivo de *N. prostrata* (Lam.) Baill. (para legumes, forragem e/ou como adubo verde) foi promocional, enquanto a ureia como fonte de N foi repressiva. Este aspeto, no entanto, aguarda um estudo mais aprofundado.

Cultivo de *Neptunia* e seu manejo de pragas

CAPÍTULO - 3

3.1: Método convencional de cultivo da Mimosa d'água (*Neptunia prostrata*) com valorização e melhoramento usando certos aspectos biotecnológicos

Propagação de Mimosa d'água [*Neptunia prostrata* (Lam.) Baill. Também conhecida como *N. oleracea*]

A Neptunia prostrata pode ser propagada tanto a partir de sementes como a partir de plantas antigas (caule), mas o método preferido pela horticultura convencional para a propagação em massa é o corte do caule. A propagação através de sementes era trabalhosa e demorada. Apenas uma plântula por semente era reproduzível (Placa - VI, Fig. 3.1.1 & 3.1.2). No corte do caule, um grande número de plântulas pode ser propagado num curto espaço de tempo. Pelo menos 2-3 rebentos brotaram de uma secção internodal, assim 5 - 10 plântulas foram obtidas por cada estaca de caule (Placa - VI, Fig. 3.1.3).

Método de cultivo

Método I

Um feixe de plântulas jovens e saudáveis de mimnosa aquática (2 - 3 plântulas) foi transplantado para o solo. Cada grupo de plantas foi plantado a cerca de 1,5 - 2 m de distância um do outro. Foi mantida uma linha reta entre as linhas. O solo ligado à parte inferior foi pressionado adequadamente para evitar o desenraizamento. A água foi então bombeada para o campo a uma profundidade de 20 - 30 m, permitindo que a parte superior dos caules flutuasse na superfície da água (Placa - VII, Fig. 3.1.4).

Método II

As plântulas foram fixadas em vários arames ou cordas paralelas, que foram estabelecidas como linhas de transplantação. Estas linhas foram colocadas a uma altura adequada da superfície da água para que o caule da mimosa aquática pudesse flutuar na superfície da água. Os arames de transplantação estavam a 1 - 1,5 m de distância uns dos outros para garantir espaço suficiente para o crescimento da mimosa aquática. A distância entre duas plântulas de um lado da fileira deve ser de cerca de 0,5 m. Duas plântulas seleccionadas foram colocadas juntas, viradas para a direção oposta, e entrançadas com cordas em 20 - 30 cm entre cada nó (Placa - VII, Fig. 3.1.5).

Método III

Depois de encher o tanque com água e condicionar, as plântulas de mimosa aquática foram transplantadas usando uma jangada feita de varas de bambu. Cada vara deve ter 3 - 5 m de comprimento e o espaço entre duas varas numa fila deve ser de 1 - 1,5 m para que haja espaço suficiente para a planta crescer e para facilitar a manobra durante a colheita da planta (Placa - VII, Fig. 3.1.6).

O rendimento da planta foi mais ou menos o mesmo nos três métodos empregues. No entanto, no método I, uma parte do caule foi imersa na água e, portanto, observou-se uma produção relativamente menor.

Fig. 3.1.1: Semente de *Neptunia prostrata* (Lam.) Baill.

Fig. 3.1.2: Plântula jovem de *Neptunia prostrata* germinada por semente

Fig. 3.1.3: Uma planta saudável de reserva antiga com plântulas jovens em crescimento ativo

Fig. 3.1.4: Cultivo de *Neptuniaprostrata* (Lam.) Baill. - MÉTODO - I

Fig. 3.1.5: Cultivo de *Neptuniaprostrata* (Lam.) Baill. - MÉTODO - II

Fig. 3.1.6: Cultivo de *Neptunia prostrata* (Lam.) Baill. - MÉTODO - III

Aplicação e gestão de fertilizantes

O efeito de certos fertilizantes orgânicos e químicos em três concentrações diferentes foi analisado e resumido (Tabela 3.1 e 3.2). Na aplicação de fertilizante químico, o aumento da concentração de fertilizante químico resultou na diminuição do crescimento da planta e da produção de biomassa vegetal, enquanto que no caso da aplicação de composto de estrume de quinta, a biomassa e o crescimento da planta mostraram um ligeiro aumento com a aplicação de uma concentração mais elevada de fertilizante em todas as amostras em relação ao controlo. Na aplicação de fertilizantes químicos, as amostras aplicadas com TP4 apresentaram os melhores resultados, que indicaram um aumento de 139,8 % e 389,24 % no comprimento e peso dos rebentos, respetivamente, em relação ao controlo. No entanto, no caso do composto de estrume de quintal, o melhor resultado foi mostrado pelas amostras aplicadas TP5, mostrando um aumento de 176,9% no comprimento do rebento e 375,26% no peso do rebento em relação ao controlo (Fig. 3.1.7 & 3.1.8). Em geral, o composto de estrume de quinta mostrou melhores resultados do que a ureia em termos de desempenho de rendimento na planta.

Tabela. 3.1: Resposta de crescimento de plantas de *Neptunia prostrata* com diferentes concentrações de adubos orgânicos e tratamentos com fertilizantes inorgânicos

Tratamento	Comprimento do rebento (cm)	Comprimento da raiz (cm)	Aumento do comprimento dos rebentos em relação ao controlo (%)
TPo	17.44 ± 1.89	10.16 ± 0.32	-
TP1	22.00 ± 1.62	10.92 ± 1.02	26.1
TP2	35.40 ± 4.55	11.02 ± 1.76	102.9
TP3	37.80 ± 3.28	14 ± 1.89	116.7
TP4	41.83 ± 4.98	13.08 ± 1.64	139.8
CD 0,05	**4.77**	**1.7**	-
TP5	48.30 ± 4.44	14.82 ± 2.63	176.9
TP6	41.04 ± 3.04	13.44 ± 2.70	135.3
TP7	33.74 ± 2.96	11.4 ± 1.86	93.4
CD 0,05	**5.88**	**2.72**	-

Tabela 3.2: Produção de biomassa vegetal de *Neptunia prostrata* em resposta a tratamentos com diferentes concentrações de adubos orgânicos e fertilizantes inorgânicos

Tratamento	Biomassa de rebentos g⁰	Biomassa da raiz(g)	Biomassa vegetal total(g)	Aumento da biomassa vegetal total em relação ao controlo (%)
TPo	0.93 ± 0.18	0.52 ± 0.16	1.45	-
TP1	1.23 ± 0.29	0.70 ± 0.05	2.02	39.3

TP2	3.4 ± 0.25	0.85 ± 0.14	3.85	165.5
TP3	3.9 ± 0.31	0.88 ± 0.05	4.18	188.2
TP4	4.2 ± 0.64	1.20 ± 0.25	5.75	296.5
CD 0,05	**0.509**	**0.2**	-	-
TP5	4.82 ± 0.41	1.40 ± 0.26	5.82	301.3
TP6	3.91 ± 0.83	1.12 ± 0.23	4.63	220.8
TP7	2.89 ± 0.39	0.97 ± 0.09	4.18	188.2
CD 0,05	**0.684**	**0.237**	-	-

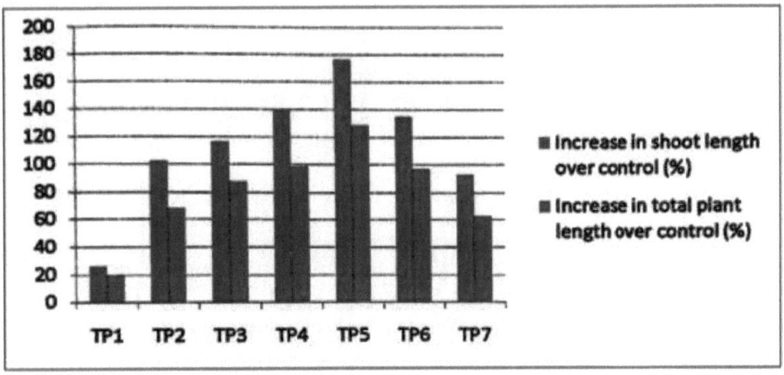

Fig. 3.1.7 : Efeito de diferentes concentrações de fertilizante químico e adubo orgânico no comprimento da planta de *Neptunia prostrata* (Lam.) Baill.

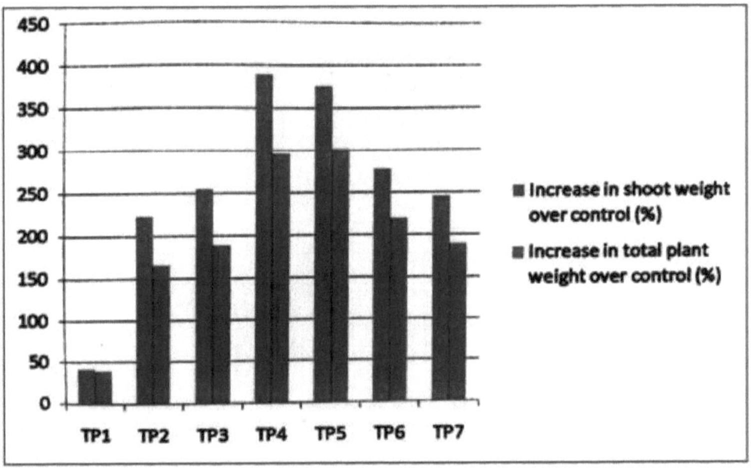

Fig. 3.1.8 : Efeito de diferentes concentrações de fertilizante químico e adubo orgânico na biomassa vegetal de *Neptunia prostrata* (Lam.) Baill.

Os estudos podem ser resumidos da seguinte forma:

1. A propagação através de corte de caule foi considerada o método

convencional de horticultura para a propagação em massa de *Neptunia prostrata*.

2. Podem ser utilizados três métodos de plantação para a cultura em massa de *Neptunia prostrata.*
3. A aplicação de NPK, aumenta a concentração mais elevada de fertilizante químico resultou na diminuição progressiva do crescimento das plantas e da produção de biomassa vegetal.
4. A aplicação de composto de estrume de quinta aumentou consideravelmente o crescimento de *Neptunia prostrata.*

3.2: Pragas da Mimosa aquática (*Neptunia prostrata*) e sua gestão através de controlo biológico

Inseto praga de *Neptunia prostrata* (Lam.) Baill.

Durante o cultivo de mimosa aquática (*Neptunia prostrata* Lam. Baill.), foram observados os seguintes insectos nocivos

i) *Spodoptera litura* Fabricius
ii) *Eurema hecabe* Fabricius
iii) *Euproctis fraterna* Moore

i) ***Spodoptera litura* Fabricius**

Descrição: As larvas jovens (lagartas) são verde-pálido, mas as larvas mais velhas são cinzentas, com marcas pretas e brancas e, geralmente, com uma linha amarela visível de cada lado do dorso (Prato VIII. Fig. 3.2.1a). Foi observado um ponto branco de cada lado do segundo e terceiro segmentos do corpo quando contado a partir da cabeça. As larvas adultas, que podem atingir 50 mm de comprimento, escavam uma curta distância no solo para se transformarem em pupas. As pupas são de cor castanha avermelhada.

Traça adulta - asas anteriores escuras com marcas irregulares esbranquiçadas e linhas marginais com cerca de 40 mm de envergadura (Prato VIII. Fig. 3.2.1b). As asas posteriores eram branco-pérola. As traças são nocturnas e fortemente atraídas pela luz.

Sintomas: Os vermes da fase juvenil, ou seja, as larvas, podem ser uma praga grave das pastagens, alimentando-se das folhas, dos rebentos jovens e do caule da mimosa aquática. Ocorre durante o período inicial de cultivo (maio - agosto).

ii) ***Eurema hecabe* Fabricius**

Desertificação: Borboleta grande, amarelo-grama, com uma envergadura de asa de 35 a 45 mm, de cor e marcas variáveis. Durante a estação seca, a forma da borboleta é muito mais clara, com menos marcas ou menos pronunciadas do que na estação húmida. A cor de ambos os sexos é semelhante, mas os machos são por vezes mais brilhantes.

A parte superior da asa anterior é nitidamente bicolor, com a cor preta na extremidade e a cor amarela na base. A extremidade inferior do bordo negro da asa anterior nunca é marcada pela cor amarela. A faixa mais estreita na terminação da asa posterior é mais larga na fêmea. A parte inferior de ambas as asas é uniformemente amarela com finas manchas castanhas ferruginosas ou anéis irregulares de tamanhos variáveis. Nalgumas fêmeas, apareceu uma mancha estreita castanha-avermelhada por baixo do ápice da asa anterior, célula da asa anterior com quase 2 manchas aneladas (Prato IX. Fig. 3.2.2b). A larva adulta era verde (Prato IX. Fig. 3.2.2a), e alimentava-se frequentemente ao longo da nervura central da folha ou do folíolo de plantas de *N. prostrata.*

Sintomas: As larvas de *Eurema hecabe* alimentam-se da parte mole das plantas *de Neptunia prostrata*, principalmente na parte do ápice da folha, observadas durante todo o ano, mas geralmente activas entre julho e setembro.

iii) ***Euproctis fraterna* Moore**

Descrição: Larvas de cor castanha com uma marca preta no dorso, muito peludas, os pêlos fornecem proteção ao longo do seu ciclo de vida. Os pêlos partem-se em forma de farpas, podem causar erupções cutâneas, irritação da pele, dores de cabeça e dificuldades respiratórias quando em contacto com a pele. A larva é incorporada no casulo em que se transforma em pupa; a fêmea adulta que emerge recolhe alguns pêlos na sua cauda e utiliza-os para camuflar e proteger os ovos que põe, passando o inverno em comunidade como larvas numa tenda de seda resistente.

Asas puramente brancas, tal como o corpo, com exceção de um tufo de pêlos castanhos na extremidade do abdómen, envergadura 36-42 mm (Prato X. Fig. 3.2.3a & Fig. 3.2.3b).

Sintomas: *Euproctis* sp. infestou plantas *de Neptunia prostrata* durante os meses de maio-agosto mas, geralmente, alimentou-se da parte apical das plantas.

Pragas fúngicas de *Neptunia prostrata* (Lam.) Baill.

As seguintes pragas fúngicas foram isoladas e identificadas durante o cultivo de *Neptunia prostrata.*

i) *Fusarium oxysporum* var. *aurantiacum* (Link.)

ii) *Alternaria alternata* (Fr.) Keissler

Doença causada por *Fusarium oxysporun* var. *aurantiacum* Link.

Sintomas: As folhas aparecem amarelas, seguidas de desfolhamento numa fase posterior, e, destruíram o ápice (ponta); o aerênquima torna-se castanho e o caule quebradiço devido à podridão. (Prato XI. Fig. 3.2.4a & Fig. 3.2.4b)

Doença causada por *Alternaria alternata* (Fr.) Keissler.

Sintomas: O sintoma da doença é quase semelhante ao da doença causada por *Fusarium oxysporum* var. *aurantiacum.* As folhas inteiras da planta tornaram-se castanhas, resultando na queda das folhas, e o aerênquima castanho virou e o caule quebrou devido à podridão (Prato XI. Fig. 3.2.5a & Fig. 3.2.5b).

Fig. 3.2.1a: Larvas de *Spodoptera litura* Fabricius.

Fig. 3.2.1b: Traça adulta *Spodoptera litura* Fabricius.

Fig. 3.2.2a: Larvas de *Eurema hecabe* Fabricius

Fig. 3.2.2b: Borboleta adulta *Eurema hecabe* Fabricius

Fig. 3.2.3a: Larvas de *Euproctis fraterna* Moore.

Fig. 3.2.3b: Larvas de *Euproctis fraterna* Moore.

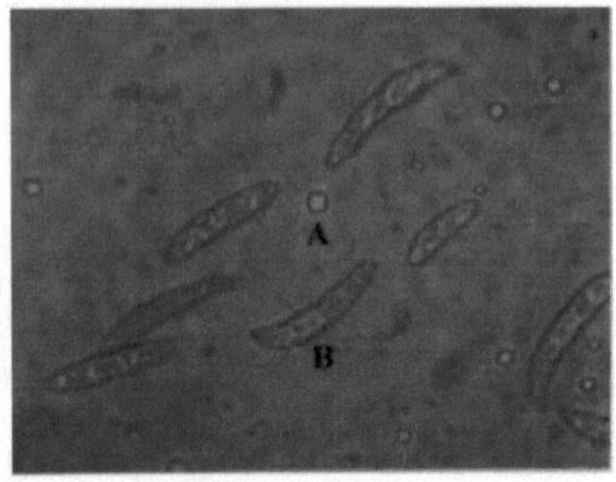

Fig. 3.2.4a: Murchidão de uma planta de mimosa aquática devido a *Fusarium oxysporum* var. *aurantiacum* (Link.)

Fig. 3.2.4b: *Fusarium oxysporum* var. *aurantiacum* (x300)

A - Micro conídios B - Macro conídios

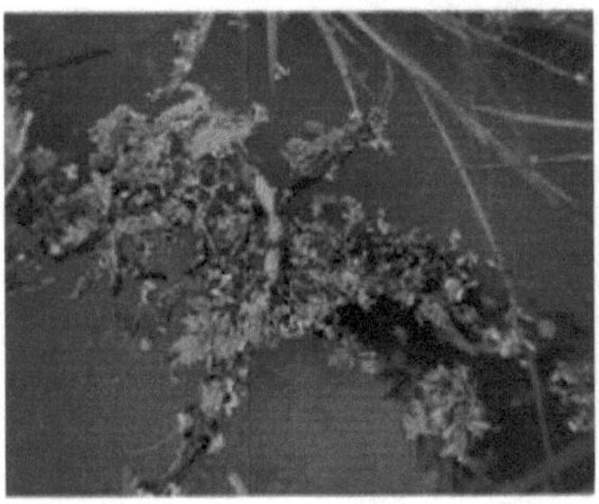
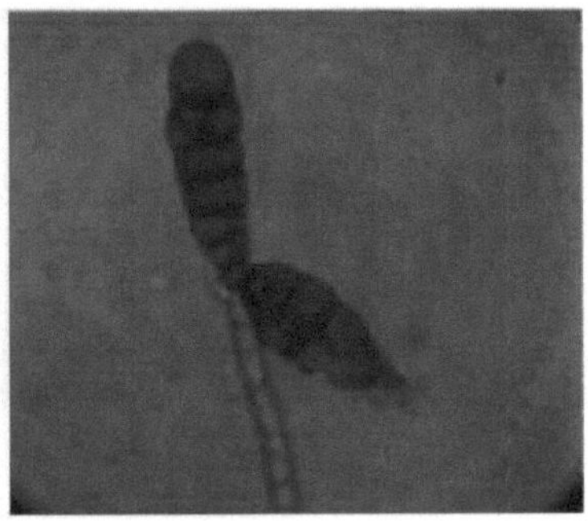

Fig. 3.2.5a: Apodrecimento de uma planta de mimosa aquática devido a uma **infeção por** *Alternaria alternata*

Fig. 3.2.5b: *Alternaria alternata* (x300)

Os efeitos inibitórios dos nove fitoextratos sobre os fungos testados foram diferentes. Não foi registada uma supressão completa do crescimento em todas as concentrações dos nove fitoextratos contra os fungos testados (Quadro 3.3). A percentagem mais elevada de crescimento

A taxa de inibição de *Fusarium oxysporum* var. *aurantiacum* foi observada a partir do fitoextrato de *Allium tuberosum* (20,73%, 28% & 35,39% a 5%, 10% & 15%) seguido de *Tamarindus indica* (16.17%, 27.20% & 31.47% a 5%, 10% & 15%) e *Vitex trifolia* (8.77%, 20.64% & 27.26% a 5%, 10% & 15%) respetivamente (Fig. 3.2.6).

Também se observou uma taxa significativa de inibição do crescimento de *Alternaria alternata* contra as plantas testadas. Nenhuma das plantas testadas mostrou inibição completa de *A. alternaria*, mas foi exibido um grau variável de taxa de inibição de crescimento (Tabela 3.4). *Allium tuberosum* (27,02%, 33,26% & 36,32% a 5%, 10% & 15%) exibiu a maior atividade antifúngica contra *Alternaria alternata* seguida por *Zingiber officinale* (15,56%, 18,47% & 25,54% a 5%, 10% & 15%) e *Tamarindus indica* (12,74%, 17,61% & 21,72% a 5%, 10% & 15%) respetivamente (Fig. 3.2.7).

Tabela 3.3: Avaliação *in vitro* do efeito de 9 (nove) fitoextratos no crescimento linear do micélio de *Fusarium oxysporum* var. *aurantiacum*

Extractos de plantas	Peça utilizada	***Fusarium oxysporum var. aurantiacum*** Diâmetro de crescimento (mm) às 96 horas.			
		C	**5%**	**10%**	**15%**
Melia azedarach L.	Sair	68.00	67.43 ± 0.06	63.93 ± 0.23	56.93 ± 0.15
Vitex trifolia L.	Sair	68.00	62.03 ± 0.15	53.96 ± 0.23	49.46 ± 0.25
Justicia adhatoda Nees.	Sair	68.00	57.40 ± 0.20	55.46 ± 0.15	54.90 ± 0.17
Tamarindus indica L.	Sair	68.00	57.00 ± 0.17	49.50 ± 0.17	46.60 ± 0.26
Alium tuberosum Roxb.	Sair	68.00	53.90 ± 0.20	48.96 ± 0.12	43.93 ± 0.15
Solanum anguivii Lam.	Fruta	68.00	55.00 ± 0.17	53.93 ± 0.25	51.00 ± 0.26
Mentha spicata L.	Sair	68.00	67.86 ± 0.06	65.93 ± 0.15	65.76 ± 0.11
Allium sativum L.	Cravo	68.00	66.83 ± 0.06	63.16 ± 0.25	63.03 ± 0.15
Zingiber officinale Rosa.	Rizoma	68.00	66.96 ± 0.11	66.46 ± 0.21	58.06 ± 0.15
CD 0,05	-	-	**0.23**	**0.36**	**0.34**

Tabela 3.4: Avaliação *in vitro* do efeito de 9 (nove) fitoextratos no crescimento linear do micélio de *Alternaria alternata*

Extractos de plantas	Peça utilizada	***Alternaria alternata*** (	**Diâmetro de crescimento**	**ter (mm) às 96 horas.**	
		C	**5%**	**10%**	**15%**
Melia azedarach L.	Sair	69.83	69.03 ± 0.15	68.03 ± 0.15	64.96 ± 0.12
Vitex trifolia L.	Sair	69.83	62.96 ± 0.12	58.30 ± 0.12	56.00 ± 0.06
Justicia adhatoda Nees.	Sair	69.83	66.00 ± 0.17	64.13 ± 0.06	62.93 ± 0.10
Tamarindus indica L.	Sair	69.83	60.93 ± 0.06	57.53 ± 0.06	54.66 ± 0.06
Alium tuberosum Roxb.	Sair	69.83	50.96 ± 0.12	46.60 ± 0.17	44.83 ±

					0.06
Solanum anguivii Lam.	Fruta	69.83	67.93 ± 0.06	67.86 ± 0.29	66.16 ± 0.40
Mentha spicata L.	Sair	69.83	65.96 ± 0.12	65.36 ± 0.06	63.00 ± 0.05
Allium sativum L.	Cravo	69.83	60.03 ± 0.06	57.96 ± 0.69	57.46 ± 0.17
Zingiber officinale Rosa.	Rizoma	69.83	58.96 ± 0.12	56.93 ± 0.12	51.46 ± 0.12
CD 0,05	-	-	**0.2**	**0.48**	**0.29**

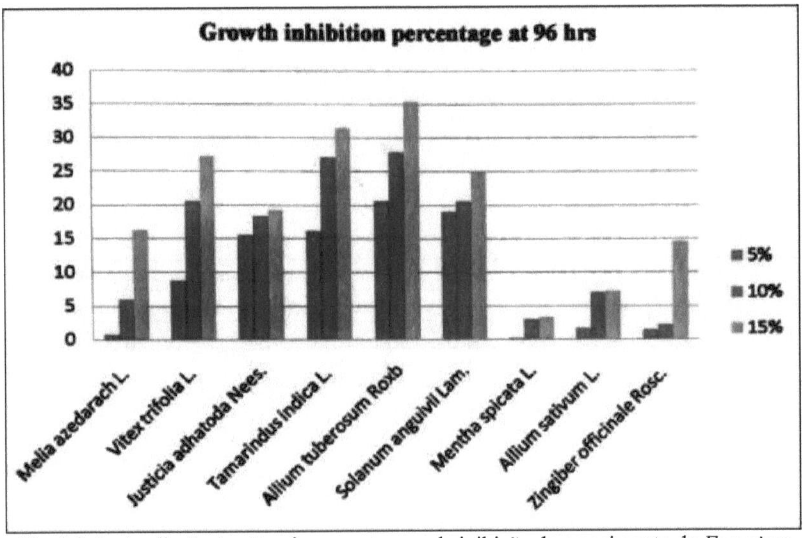

Fig. 3.2.6 : Avaliação *in vitro* da percentagem de inibição do crescimento de *Fusarium oxysporum* var. *aurantiacum* por 9 (nove) fitoextratos.

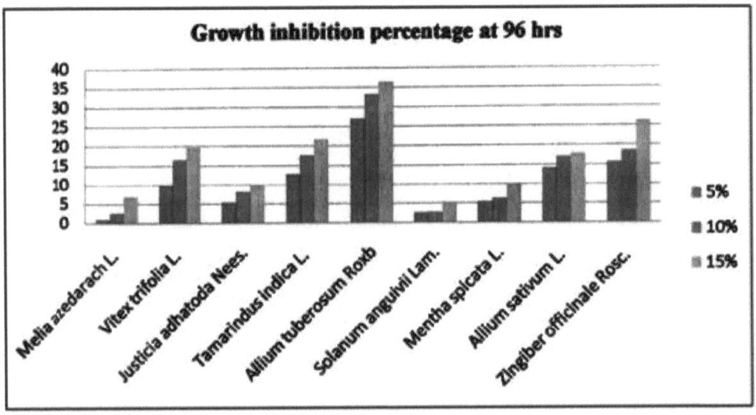

Fig. 3.2.7 : Avaliação *in vitro* da percentagem de inibição do crescimento de *Alternaria alternata* por 9 (nove) fitoextratos.

Gestão de agentes patogénicos fúngicos (*Fusarium oxysporum* var. *aurantiacum* e *Alternaria alternata*) da mimosa aquática (*Neptunia prostrata* Lam. Baill.)

O efeito de 3 (três) fungicidas (Carbendazim 50 % W.P., Mancozetb 75 % W.P. e Thiophanate Methyl 70 % W.P.) no crescimento linear de *Fusarium oxysporum* var. *aurantiacum* e o grau de inibição no crescimento micelial de *F. oxysporum* foram fornecidos (Quadro 3.5 & Fig 3.2.8). Todos os fungicidas utilizados foram significativamente superiores ao controlo na redução do crescimento de *F. oxysporium* var. *aurantiacum*. Foi alcançada uma inibição de crescimento de cent por cento em todas as concentrações de Carbendazim 50 % W.P., Mancozeb 75 % W.P. mostrou uma inibição de 100 % na concentração de 0,1 % e Tiofanato Metil 70 % W.P. na concentração de 0,075 % e 0,1 %. Concentrações mais baixas de Mancozeb (0,05 % e 0,075 % de concentração) exibiram 77,07 % e 83,38 % de taxa de inibição de crescimento contra os fungos testados. O tiofanato metílico (concentração de 0,05%) mostrou 63,23% de inibição do crescimento de *F. oxysporium* var. *aurantiacum* em relação ao controlo.

O crescimento linear e a percentagem de inibição de *Alternaria alternata* contra 3 (três) fungicidas (Carbendazim 50% W.P., Mancozeb 75% W.P. e Tiofanato Metílico 70% W.P.) foram fornecidos (Quadro 3.6 & Fig. 3.2.9). Com o aumento da concentração de fungicidas, houve uma diminuição acentuada no crescimento linear dos fungos testados e um aumento na percentagem de inibição. O melhor resultado foi observado com
Mancozeb 75% W.P. ubich exibiu 100% de inibição do crescimento a uma concentração de 0,1%.

Tabela 3.5: Avaliação *in vitro* do efeito de 3 (três) fungicidas diferentes no crescimento linear do micélio de *Fusarium oxysporum* var. *aurantiacum*

Fungicidas	***Fusarium oxysporum var. aurantiacum***			
	Diâmetro de crescimento (mm) às 96 horas.			
	C	**0.05%**	**0.08%**	**0.10%**
Carbendazim 50% W.P.	65.00	0.00 ± 0	0.00 ± 0	0.00 ± 0
Mancozebe 75% W.P.	65.00	14.90 ± 0.2	10.80 ± 0.17	0.00 ± 0
Tiofanato metílico 70% W.P.	65.00	20.00 ± 0.2	0.00 ± 0	0.00 ± 0
CD 0,05	-	**0.26**	**0.22**	**0.00**

Tabela 3.6: Avaliação *in vitro* do efeito de 3 (três) fungicidas diferentes no crescimento do micélio linear de *Alternaria alternata*

Fungicidas	***Fusarium oxysporum var. aurantiacum***	
	Diâmetro de crescimento	**ter (mm) às 96 horas.**

	C	0.05%	0.08%	0.10%
Carbendazim 50% W.P.	65.00	51.26 ± 0.06	48.1 ± 0.20	46.7 ± 0.17
Mancozebe 75% W.P.	65.00	12.06 ± 0.15	11.20 ± 0.17	0.00 ± 0
Tiofanato metílico 70% W.P.	65.00	55.36 ± 0.15	41.66 ± 0.12	39.76 ± 0.12
CD 0,05	-	**0.22**	**0.44**	**0.3**

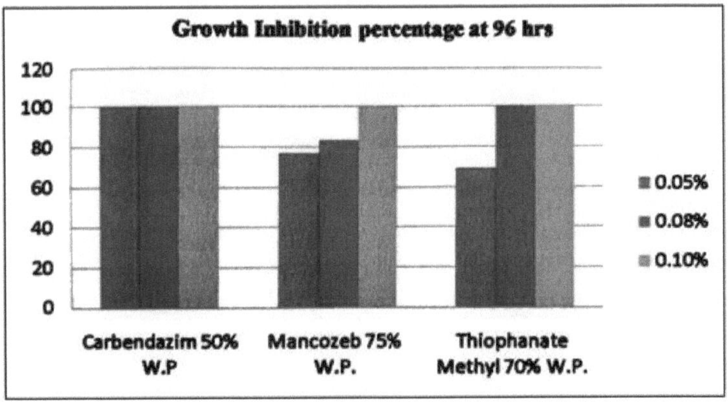

Fig. 3.2.8 : Avaliação *in vitro* da percentagem de inibição do crescimento de *Fusarium oxysporum* var. *aurantiacum* por 3 (três) fungicidas comerciais.

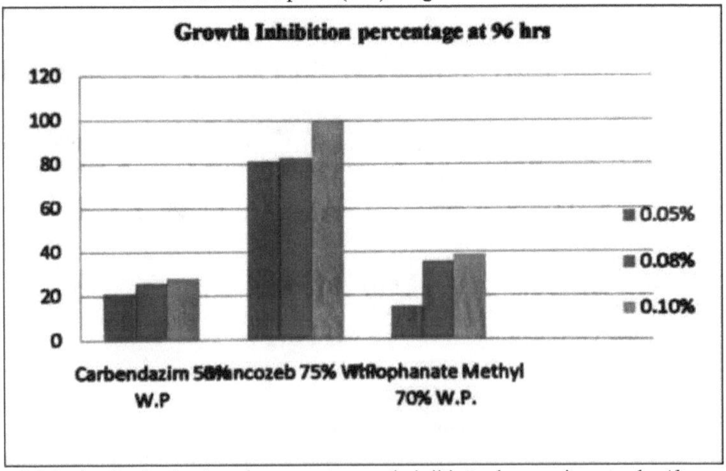

Fig. 3.2.9: Avaliação *in vitro* da percentagem de inibição do crescimento de *Alternaria alternata* por 3 (três) fungicidas comerciais.

Os estudos podem ser resumidos da seguinte forma

1. Foram identificados três insectos pragas de *Neptunia prostrata* (Lam.) Baill., nomeadamente *Spodoptera litura* Fabricius, *Eurema hecabe* Fabricius e *Euproctis fraterna* Moore.
2. Foram isolados dois agentes patogénicos fúngicos de *Neptunia prostrata*, nomeadamente *Fusarium oxysporum* var. *aurantiacum* (Link.) e *Alternaria alternata* (Fr.) Keissler.
3. Os controlos biológicos de doenças fúngicas de *Neptunia prostrata* (Lam.) Baill. foram avaliados utilizando fitoextratos de 9 (nove) plantas medicinais que exibiram vários graus de inibição sobre o agente patogénico fúngico.
4. A percentagem mais elevada da taxa de inibição do crescimento de *Fusarium Oxysporum* var. *aurantiacum* foi observada a partir do fitoextrato de *Allium tuberosumn*, seguido de *Tamarindus indica* e *Vitex trifolia*, respetivamente.
5. *Allium tuberosum* apresentou a maior atividade antifúngica contra *Alternaria alternata*, seguido de *Zingiber officinale* e *Tamarindus indica*, respetivamente.
6. Foram utilizados três fungicidas químicos para a gestão integrada das doenças fúngicas de *Neptunia prostrata* e observou-se uma atividade antifúngica significativa contra os agentes patogénicos fúngicos.
7. Carbendazim 50% W.P exibiu o melhor resultado contra *Fusarium oxysporum* var. *aurantiacum* que mostrou 100% de inibição de crescimento mesmo na concentração mais baixa.
8. Para o controlo de *Alternaria alternata* (Fr.) Keissler, o melhor resultado foi demonstrado pelo Mancozeb 75% W.P., que resultou numa inibição de 100% do crescimento a uma concentração de 0,1%.

Benefícios para a saúde da Mimosa d'água (*Neptunia oleracea*) syn. *P. prostrata*

CAPÍTULO - 4

4.1.Isolamento de compostos fenólicos de *Neptunia oleracea*: Um estudo abrangente

O objetivo do estudo foi isolar e caraterizar compostos fenólicos de *Neptunia oleracea*, uma planta reconhecida pela sua potencial bioatividade. Os solventes escolhidos para a cromatografia foram o n-hexano, o clorofórmio, o acetato de etilo (EtOAc), o metanol (MeOH) e a água. O processo de isolamento envolveu cromatografia em coluna utilizando cartuchos Lichroprep RP-18 e C18 Isolute SPE, seguida de cromatografia em camada fina (TLC) para monitorização. A cromatografia líquida preparativa de alto desempenho (HPLC) foi utilizada para separação adicional e os compostos isolados foram analisados por espetroscopia de ressonância magnética nuclear (NMR).

Material vegetal e cultivo:

A Neptunia oleracea foi identificada por um botânico e um exemplar foi depositado no Herbário. A planta foi cultivada num ambiente controlado e, após três meses, as folhas foram colhidas.

Extração, fracionamento e isolamento:

A extração com etanol de folhas liofilizadas produziu um extrato bruto etanólico. A extração em fase sólida (SPE) foi utilizada para o fracionamento, resultando em fracções com diferentes polaridades. As fracções EtOAc e MeOH, identificadas pela sua bioatividade, foram submetidas a isolamento. As subfracções foram obtidas utilizando SPE e cromatografia em coluna de vidro aberta, seguida de HPLC preparativa para o isolamento final dos compostos.

Ensaio de eliminação do radical livre DPPH

A capacidade de varrer o radical livre DPPH foi realizada de acordo com o procedimento previamente descrito (Lee *et al.*, 2018). Resumidamente, os compostos fenólicos isolados e a quercetina (como controlo positivo) foram dissolvidos em DMSO e diluídos com o mesmo solvente para atingir as concentrações finais necessárias para a determinação do IC50. Numa placa de 96 poços, 50 LIL de amostras de teste foram misturados com 100 LIL de DPPH (5,9 mg/100 mL MeOH). Seguiu-se a incubação da placa no escuro durante 30 minutos. A absorvância foi então medida a 517 nm utilizando um leitor de microplacas (SPECTRAmax PLUS, Sunnyvale, CA, EUA). A percentagem de sequestro (SC %) foi calculada como SC % = $[(Ao-A_s)/Ao]^x$ 100, em que Ao se refere à absorvância do branco do reagente e A_s se refere à absorvância das amostras testadas. Foram efectuadas três determinações para cada amostra e os resultados foram expressos como valores IC50 em iig/mL, que indicam a concentração de amostra necessária para eliminar 50% dos radicais livres DPPH.

"Ensaio de inibição da glucosidase

O ensaio de inibição da a-glucosidase foi realizado conforme relatado anteriormente (Lee *et al.*, 2018). Resumidamente, os compostos fenólicos isolados e a quercetina (como controlo positivo) foram dissolvidos em DMSO e posteriormente diluídos com tampão contendo DMSO para obter uma série de concentrações necessárias para a determinação do IC50. A concentração final de DMSO em cada poço foi de 0,5%. A enzima a-glucosidase e o substrato PNPG foram preparados em tampão fosfato 50 mM (pH 6,5). Em cada alvéolo, misturaram-se 10 LIL de amostra com 130 LIL de tampão fosfato 30 mM (pH 6,5) e 10 LIL de enzima (0,02 U/alvéolo). Após 5 min de pré-incubação, foram adicionados 50 LIL de substrato PNPG 1 mM a cada poço, seguindo-se uma nova incubação durante 15 min. A absorvância foi medida a 405 nm imediatamente após a adição de 50 LIL de glicina (pH 10) para parar a reação. A percentagem de inibição (% inibição) foi calculada como % inibição = [(A -A_{ns})/A_n] x 100%, em que A_n se refere à absorvância do controlo negativo e A_s se refere à absorvância das amostras testadas. A análise foi efectuada em três determinações para cada amostra. Os resultados foram expressos como valor IC50 em iig/mL.

Análise quantitativa de compostos fenólicos isolados de fracções bioactivas de *Neptunia oleracea*

A análise quantitativa dos compostos fenólicos isolados em suas respectivas frações foi realizada via análise por HPLC utilizando o método de Mediani *et al.* (2015) com modificações. As amostras das frações EtOAc e MeOH foram preparadas a 300 e 500 tig/ mL, respetivamente. Entretanto, os compostos fenólicos isolados foram utilizados como padrões e preparados por pré-mistura para obter a concentração de 20 iig/mL cada (exceto a rutina a 10 ug/mL). Todas as fracções e padrões foram preparados em MeOH de grau HPLC e filtrados através de uma membrana de nylon de 0,45 gm antes de serem injectados no sistema HPLC.

Foi utilizado o sistema da série Ultimate 3000 (Dionex, Idtsein, Alemanha) equipado com uma bomba dupla de gradiente de baixa pressão e um detetor DAD. A separação dos analitos foi efectuada pela coluna Thermo Scientific™ Acclaim™ PolarAdvantage II (PA2) (4,6 mm x 250 mm, 5 ^m), com 10 mmol de ácido metanossulfónico (solvente A) e acetonitrilo (solvente B) como fase móvel, fluindo a 1,0 mL/min num programa de gradiente. O sistema de gradiente foi o seguinte: 5% B (1 min), 5-20% B (2 min, gradiente linear), 20-

40% B (20 min, curva de gradiente 7), 40% B (2 min), 40100% B (2 min, gradiente linear), 100% B (4 min), 100-5% B (0,5 min, gradiente linear) e 5% B (2,5 min). O tempo total de análise por injeção foi de 34 minutos. O volume de injeção para as amostras foi de 20 LIL. O comprimento de onda utilizado para a identificação dos compostos fenólicos a quantificar com o detetor DAD foi de 254 nm. Os picos dos compostos fenólicos foram confirmados por comparação dos tempos de retenção com os dos compostos isolados. Para os quantificar, foram construídas curvas de calibração utilizando a solução-padrão dos compostos fenólicos isolados injectada em três volumes diferentes (5, 10 e 20 ^L). As curvas de calibração foram aceites se o R^2 > 0,99. Foram efectuadas injecções em triplicado para cada uma das amostras, bem como para a solução padrão. A quantidade de compostos fenólicos isolados na respectiva fração foi expressa em iig/mg de fração.

Caracterização de compostos isolados:

Os compostos isolados (1-5) foram caracterizados utilizando várias técnicas espectroscópicas. O composto 1 foi identificado como quercetina-3-O-P-D-xilopiranosídeo, o composto 2 como quercetina-3-O-a-L-arabinopiranosídeo, o composto 3 como quercetina-3-O-a-L-rhamnosídeo, o composto 4 como metilgalato e o composto 5 como rutina.

Avaliação da bioatividade:

Os compostos isolados foram avaliados quanto à eliminação do radical livre DPPH e à inibição da a-glucosidase. Os resultados indicaram vários graus de atividade, com os compostos 1-3 a mostrarem uma bioatividade promissora. O controlo positivo, a quercetina, apresentou efeitos antioxidantes e inibidores da a-glucosidase potentes.

Tabela 4.1: Actividades de eliminação do radical livre DPPH e de inibição da a-Glucosidase dos compostos fenólicos isolados.

Composto / Fração	Inibição por DPPH		Inibição da a-Glucosidase	
	IC50 (11.M)	IC50 (iig/mL)	IC50 (11.M)	IC50 (iig/mL)
1	38.98 ± 0.94A	16.93 ± 0.41A	57.13 ± 2.19A	24.82 ± 0.95A
2	33.00 ± 0.97B	14.33 ± 0.42B	71.71 ± 4.44B	31.15 ± 1.93B
3	23.09 ± 0.70C	10.35 ± 0.27C	106.12 ± 1.71C	47.58 ± 0.76C
4	17.25 ± 0.23^D	3.18 ± 0.04a	50.76 ± 0.92A	9.35 ± 0.17a
5	20.88 ± 0.60E	14.09 ± 0.43^b	ND	ND
Quercetina	10.25 ± 0.42F	NR	7.35 ± 0.18D	NR
Acetato de etilo	NR	22.18 ± 1.33^D	NR	2.27 ± 0.12D
Metanol	NR	10.04 ± 0.52^c	NR	0.44 ± 0.66^b

Os valores são médias ± desvio padrão de três réplicas. Para o IC50, as letras maiúsculas referem-se à comparação dos compostos **1**, **2** e **3** com a fração de acetato de etilo; enquanto as letras minúsculas se referem à comparação dos compostos **4** e **5** com a fração de metanol. As médias com letras diferentes são significativamente diferentes (*p* < 0,05). ND = não detectado; NR = não relacionado. As estruturas químicas individuais dos compostos **1-5** são apresentadas na Figura 4.1.1.

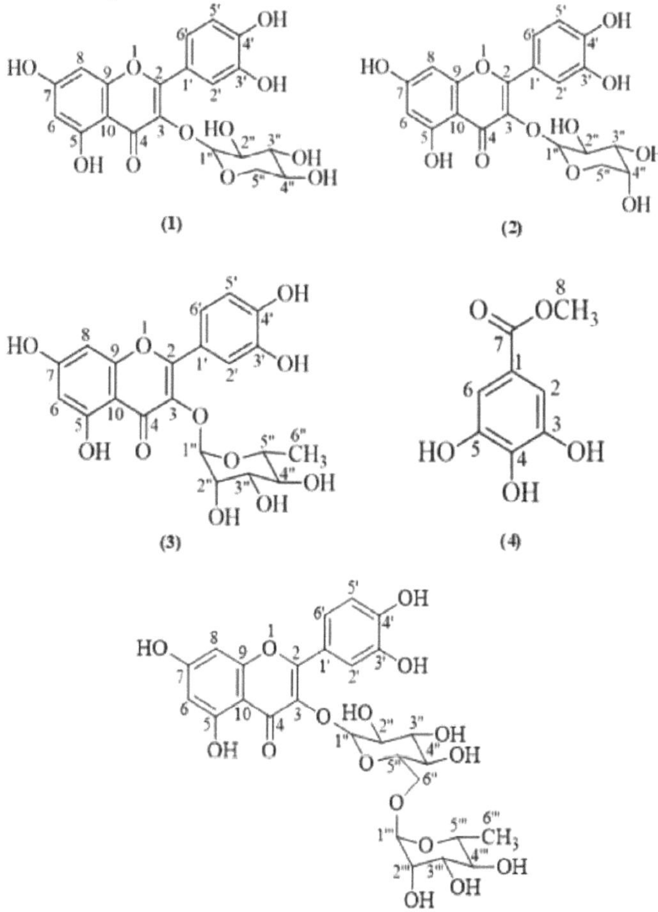

Figura 4.1.1: Estruturas químicas dos compostos isolados 1-5.

Actividades de eliminação do radical livre DPPH e de inibição da "-glucosidase de compostos fenólicos isolados

Uma investigação sobre as actividades de eliminação do radical livre DPPH e de inibição da a-glucosidase de compostos fenólicos isolados de *Neptunia oleracea*. O objetivo é compreender a contribuição destes compostos para a bioatividade global da *N. oleracea.*

1. **Atividade de eliminação de radicais livres DPPH:**

- **Compostos isolados:** Foram isolados cinco compostos fenólicos e avaliadas as suas actividades antioxidantes.

- **Resultados:** Os compostos fenólicos isolados demonstraram potencial como antioxidantes naturais. A ordem de atividade de eliminação foi quercetina > 4 > 5 > 3 > 2 > 1.
- **Composto mais potente:** O metilgalato (4) exibiu a atividade de eliminação do radical livre DPPH mais potente, com um valor IC50 de 17,25 LIM, seguido dos glicosídeos de quercetina (compostos 1, 2, 3 e 5).
- **Efeito da glicosilação:** Os glicósidos de quercetina tiveram uma atividade inferior à da quercetina aglicona. A presença de grupos hidroxilo livres na posição C-3 influenciou positivamente a atividade antioxidante, com a rutina (5) a apresentar a maior atividade entre os glicósidos.

2. **"Atividade inibidora da -Glucosidase:**

- **Resultados:** A atividade inibidora da a-glucosidase seguiu a ordem quercetina > 4 > 1 > 2 > 3 > 5.
- **Composto mais potente:** O metilgalato (4) exibiu a inibição mais potente da a-glucosidase, com um valor IC50 de 50,76 LIM, seguido pelos glicosídeos de quercetina (compostos 1, 2 e 3).
- **Efeito da glicosilação:** À semelhança da atividade antioxidante, a glicosilação na posição C-3 enfraqueceu a atividade inibidora da a-glucosidase. A rutina (5) apresentou a atividade inibitória mais baixa entre os glicosídeos de quercetina.

3. **Comparação com fracções:**

- **Eliminação de radicais livres DPPH:** Os valores de IC50 dos compostos fenólicos isolados foram geralmente mais baixos do que os das respectivas fracções, o que realça a importância destes compostos na atividade antioxidante das fracções bioactivas.
- **"Inibição da -Glucosidase:** Os valores de IC50 dos compostos fenólicos isolados foram muito mais elevados do que os das respectivas fracções, sugerindo uma menor eficiência dos compostos individuais em comparação com a ação sinérgica dos compostos nas fracções.

4. **Mecanismo sinérgico:**

- A melhor atividade inibidora da a-glucosidase das fracções é atribuída a um mecanismo sinérgico que envolve vários compostos fenólicos, apoiando a ideia de que a ação combinada de vários compostos aumenta a bioatividade global.

O estudo sublinha a importância dos compostos fenólicos individuais da *N. oleracea* na contribuição para as suas actividades antioxidantes e inibidoras da a-glucosidase, fornecendo informações sobre a relação estrutura-atividade e os potenciais efeitos sinérgicos destes compostos em fracções bioactivas.

Determinação quantitativa de compostos fenólicos isolados por HPLC

A análise por HPLC foi utilizada para a avaliação quantitativa dos compostos fenólicos isolados. As curvas de calibração utilizando soluções padrão permitiram a determinação das concentrações dos compostos nas respectivas fracções.

As Figuras 4.1.2A e 4.1.2B mostram os respectivos cromatogramas das fracções EtOAc e MeOH de *N. oleracea*; enquanto o conteúdo de cada um dos compostos fenólicos isolados é apresentado na Tabela 4.2. Como se mostra na Figura 4.1.2A, os três derivados de quercetina isolados foram os picos mais proeminentes na fração EtOAc, representando um total de 414,33 iig/mg.

A elucidação estrutural dos compostos 1-5 foi conseguida através de uma combinação de espetroscopia NMR e espetrometria de massa. A presença de quercetina em vários compostos realça a sua importância na bioatividade da *Neptunia oleracea*. As variações nas porções de açúcar contribuem para a diversidade dos compostos isolados.

O estudo exaustivo da *Neptunia oleracea* resultou no isolamento e caraterização bem sucedidos de compostos fenólicos bioactivos. Estes compostos apresentaram actividades antioxidantes e inibidoras da a-glucosidase promissoras. Os resultados contribuem para a compreensão dos potenciais benefícios da planta para a saúde e abrem caminho para uma maior exploração no desenvolvimento de medicamentos.

(A)

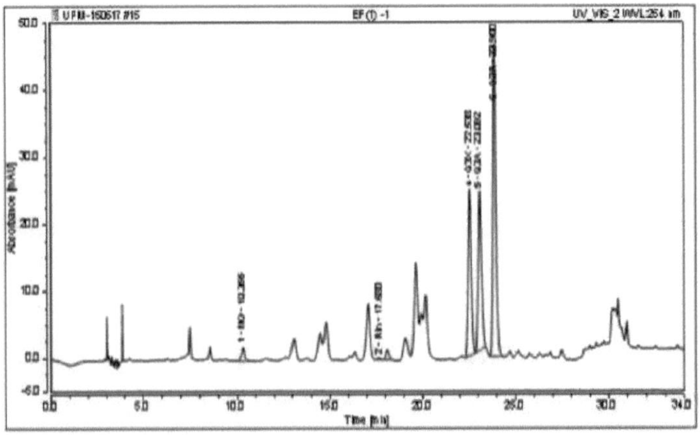

(B)

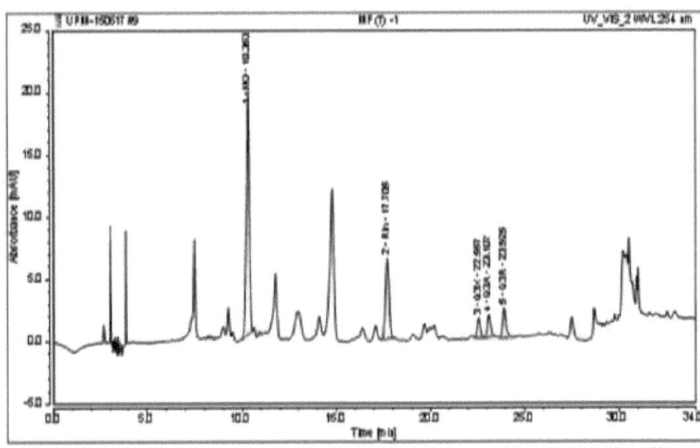

Figura 4.1.2(A & B): Cromatogramas de HPLC das fracções de acetato de etilo (A) e metanol (B) de *N. oleracea.*

Tabela 4.2: Análise quantitativa dos compostos fenólicos isolados por HPLC.

Composto	Teor na respectiva fração (pg/mg)	
	Fração de acetato de etilo	**Fração de metanol**
1	131.10 ± 0.60A	ND
2	125.68 ± 0.73B	ND
3	157.55 ± 0.41C	ND
4	ND	75.25 ± 0.05A
5	ND	20.61 ± 0.02B
Total	414.33	95.86

Os valores são médias ± desvio padrão de três repetições icados. Média com diferentes
as letras são significativamente diferentes ($p < 0,05$). ND = não detectado.

A *quercetina-3-O-a-L-ramnosídeo* (**3**) foi o mais abundante de entre eles, com a concentração de 157,55 pg/ mg; seguido da *quercetina-3-O-0-D-*xilopiranosídeo (**1**) e da *quercetina-3-O-a-L-arabinopiranosídeo* (**2**) com as concentrações de 131,10 e 125,68 pg/ mg, respetivamente. Entretanto, o metilgalato (**4**) foi o pico mais dominante na fração MeOH (Figura 4.1.2B), e a sua concentração foi muito superior à da rutina (**5**). O seu teor na fração MeOH foi de 75,25 e 20,61 pg/mg, respetivamente. Os resultados quantitativos obtidos no presente trabalho não podem ser comparados com os da literatura, uma vez que este é o primeiro trabalho sobre a quantificação dos compostos fenólicos presentes em *N. oleracea*. No entanto, este trabalho quantitativo fornece informações sobre o nível de componentes importantes contidos nas fracções bioactivas de *N. oleracea*.

Cinco compostos fenólicos, nomeadamente o *quercetina-3-O-0-D-xilopiranosídeo* (**1**), o *quercetina-3-O-a-L-arabinopiranosídeo* (**2**), o *quercetina-3-O-a-L-rhamnosídeo* (**3**), o metilgalato (**4**) e a rutina (**5**) foram isolados de *N. oleracea* pela primeira vez. As estruturas destes compostos foram elucidadas utilizando várias técnicas espectroscópicas (MS, 1D e 2D NMR). Entre estes cinco compostos, o metilgalato apresentou as actividades mais proeminentes de eliminação do radical livre DPPH e de inibição da a-glucosidase, com valores IC_{50} de 17,25 e 50,76 pM, respetivamente. A contribuição significativa dos compostos fenólicos isolados para a eliminação do radical livre DPPH de *N. oleracea* também foi destacada através da comparação das bioactividades dos compostos isolados com as suas respectivas fracções. Entretanto, foi sugerido um efeito sinérgico para as suas contribuições para a atividade inibidora da a-glucosidase. Com a utilização de HPLC, o conteúdo dos compostos fenólicos isolados nas respectivas fracções foi quantificado, e os resultados revelaram o elevado conteúdo de derivados de quercetina na fração EtOAc (i.e., 131,10, 125,68 e 157,55 pg/mg para os compostos **1**, **2** e **3**, respetivamente) e metilgalato (**4**) na fração MeOH (75,25 pg/mg). Os resultados apresentados no presente trabalho fornecem informações sobre a contribuição de cada um dos compostos fenólicos isolados para as actividades de eliminação do radical livre DPPH e de inibição da a-glucosidase da *N. oleracea*, bem como sobre o seu conteúdo na planta. Fonte: [Lee et al., 2019: International Food Research Journal 26(2): 679688]

4.2. Explorando o potencial terapêutico dos extractos metanólicos de *Neptunia oleracea* no tratamento do cancro

Este estudo exaustivo procura desvendar as propriedades anticancerígenas multifacetadas inerentes aos extractos metanólicos derivados das folhas de *Neptunia oleracea* (N. oleracea), colhidas na região florestal de Seshachalam, uma região biodiversa de Andhra Pradesh, na Índia. Uma verificação botânica rigorosa, em colaboração com um botânico, garantiu a exatidão da identidade da planta, e os espécimes foram meticulosamente arquivados no herbário da Universidade de SV.

As folhas, recolhidas e sujeitas a um processo de limpeza diligente com água da torneira para eliminar as impurezas, foram submetidas a um período de secagem natural de várias semanas à temperatura ambiente. As folhas dessecadas foram então finamente pulverizadas, devidamente rotuladas e designadas para o processo de extração.

Procedimento de extração: Preparação do composto em bruto

Os extractos brutos foram preparados por imersão de 1 grama do material vegetal finamente pulverizado em 10 mL de metanol à temperatura ambiente durante 48 horas. A solução resultante foi filtrada em papel de filtro Whatman (n.º 1). O filtrado foi submetido a uma extração adicional com metanol utilizando um extrator Soxhlet durante 72 horas, assegurando que a temperatura não excedia o ponto de ebulição do solvente. Os extractos foram meticulosamente filtrados, concentrados sob pressão reduzida utilizando um evaporador de balão rotativo e subsequentemente secos num exsicador. Armazenada em frascos estéreis sob refrigeração (2-4°C), a fração metanólica, dissolvida a 5 mg/mL em DMSO, foi destinada a estudos posteriores.

Cultura celular:

Um painel diversificado de linhas de células cancerígenas, incluindo Jurkat (leucemia aguda de células T), K-562 (leucemia mielogénica crónica), MOLT-4 (leucemia linfoblástica aguda) e MV-4-11 (leucemia mielomonocítica B bifenotípica), foi obtido da American Type Culture Collection (ATCC). Além disso, foram utilizadas células mononucleares do sangue periférico (PBMCs) isoladas de voluntários saudáveis.

As linhas celulares foram meticulosamente mantidas em meios RPMI ou IMDM, suplementados com 10% de Soro Fetal Bovino inactivado pelo calor, Penicilina e Estreptomicina, num ambiente controlado a 37°C com 5% de CO2. Foram efectuados testes rigorosos de micoplasma antes dos procedimentos experimentais.

Ensaio de proliferação celular (Resazurina):

A eficácia anti-cancerígena dos extractos de N. oleracea foi avaliada através de um ensaio de proliferação celular utilizando as linhas celulares Jurkat, MOLT-4, MV-4-11 e K562. A doxorrubicina, um agente quimioterapêutico bem conhecido, serviu como controlo positivo. Os extractos/doxorrubicina foram diluídos em série para gerar uma curva de resposta à dose de 8 pontos. As células foram tratadas e as curvas de dose-resposta foram monitorizadas durante

um período de incubação de 5 dias.
As células mononucleares do sangue periférico (PBMC) isoladas de voluntários saudáveis foram também submetidas a ensaios de proliferação, sendo a resazurina utilizada como indicador. As medições de fluorescência a 595 nm foram registadas utilizando um leitor de placas Spectramax.
A percentagem de inibição da proliferação foi calculada utilizando a fórmula:

100 - RFU (amostra)

% de inibição = X 100

RFU (controlo)

*RFU - unidade de fluorescência relativa
Os valores de % de inibição foram traçados utilizando o Graph pad prism para calcular o IC_{50}

Western Blotting:

Para uma compreensão mais profunda dos mecanismos moleculares, as células tratadas com 25 e 50 iig/mL de extractos de N. oleracea e 5 LIM de doxorrubicina durante 24 horas foram submetidas a uma análise Western blot. O tampão de lise RIPA, suplementado com inibidores de proteases e fosfatases, foi utilizado para a preparação do lisado. A quantificação das proteínas foi efectuada com o kit de ensaio de proteínas Pierce BCA. Foi efectuada uma análise SDS-PAGE, seguida de transferência de proteínas para uma membrana PVDF. Os anticorpos primários (c-Myc, p-ERK1/2, PARP, BCL2 e 0-actina) foram incubados durante a noite a 4°C, com subsequente visualização das bandas utilizando os anticorpos LICOR adequados.
A análise da intensidade das bandas foi efectuada utilizando o ImageJ e a expressão da proteína alvo foi normalizada para p-actina.

Análise da população de células apoptóticas e necróticas:

As células tratadas com 25 e 50 iig/mL de extractos de N. oleracea durante 24 horas foram submetidas a uma coloração com iodeto de propídio (PI) para avaliar as populações de células apoptóticas e necróticas. A citometria de fluxo utilizando FACS VERSE facilitou a análise das respostas celulares.

Análise do ciclo celular:

As células MV-4-11, tratadas com 3 e 30 ug/mk de extractos de N. oleracea e 5 LIM de doxorrubicina durante 24 e 48 horas, foram submetidas a uma análise do ciclo celular. As células fixadas em etanol a 70% frio foram tratadas com RNase e coradas com iodeto de propídio. O FACS VERSE e o software FlowJo foram utilizados para aquisição e análise.

Análise GC-MS (Cromatografia Gasosa - Espectrometria de Massa):

Foi efectuada uma exploração detalhada da composição química dos extractos metanólicos utilizando a PerkinElmer Clarus® SQ8 com uma coluna capilar. A análise GC-MS envolveu hélio como gás de arrastamento e os resultados foram comparados com a biblioteca do National Institute of Standards and Technology (NIST) para identificação.

Análise estatística:

O GraphPad Prism e o Excel foram utilizados para a análise dos dados. Os valores IC50 foram calculados utilizando a análise de não regressão da dose-resposta (inibição). A ANOVA normal de uma via com o teste de comparações múltiplas de Tukey avaliou a significância estatística entre os grupos de controlo e de tratamento.

Resultados:

A investigação demonstrou as potentes actividades anticancerígenas dos extractos de N. oleracea em várias linhas celulares, incluindo o seu impacto nas proteínas apoptóticas, na modulação do ciclo celular e na composição química.

FIGURAS:

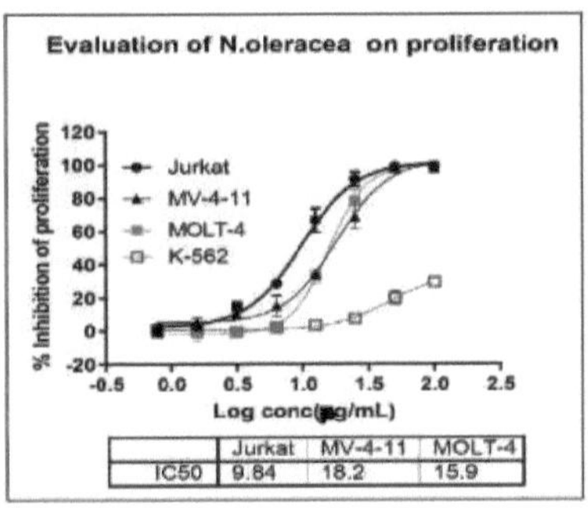

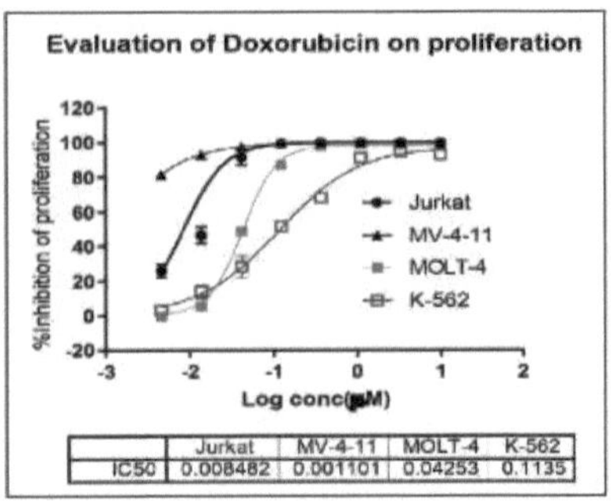

Detalhes da linha celular:

Nome	Tecido	Tipo de célula	Doença
Jurkat, CloneE6-1	sangue periférico	Linfócito T	leucemia aguda de células T
MV-4-11	sangue periférico	Macrófago	leucemia mielomonocítica B bifenotípica
MOLT-4	sangue periférico	Linfoblasto T	leucemia linfoblástica aguda
K-562	Medula óssea	Linfoblasto	leucemia mielogénica crónica (LMC)

Figura 4.2.1: Efeito do extrato de *N. oleracea* na proliferação de linhas celulares

As linhas celulares foram tratadas com extrato/doxorrubicina em triplicado e colocadas na incubadora a 5% de CO2, 37°C durante 5 dias. Após 5 dias, o ensaio foi terminado com resazurina. Os dados foram representados em média ± DP utilizando o Graph pad prism.

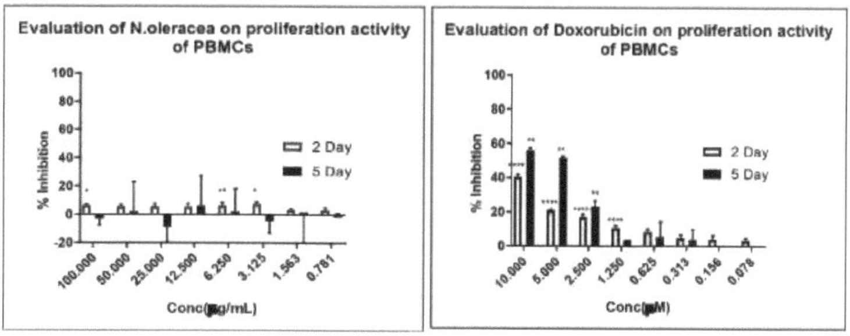

Figura 4.2.2: Efeito do extrato de *N. oleracea* em PBMCs humanas

As linhas celulares foram tratadas com extrato/doxorrubicina em triplicado e colocadas na incubadora a 5% de CO2, 37°C. O ensaio foi terminado com resazurina. Os dados e as barras de erro representam as médias ± DP. Ns não significativo, *P<0,03, **P<0,002, ***P<0,0002, ****P<0,00001

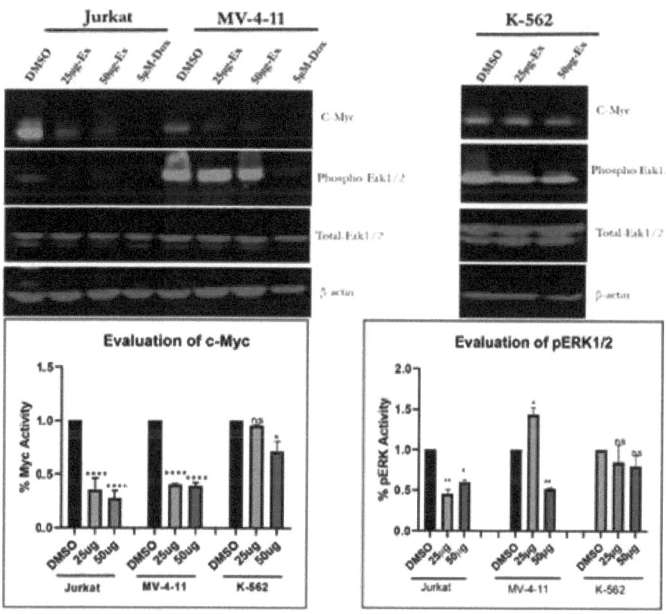

Figura 4.2.3: Efeito do extrato de *N. oleracea* em C-Myc e pERK1/2

Avaliação do efeito inibitório do extrato de *N.oleracea* em c-Myc e pERK1/2 utilizando células Jurkat, MV-4-11 e K-562. As células tratadas foram utilizadas para análise de western blot.

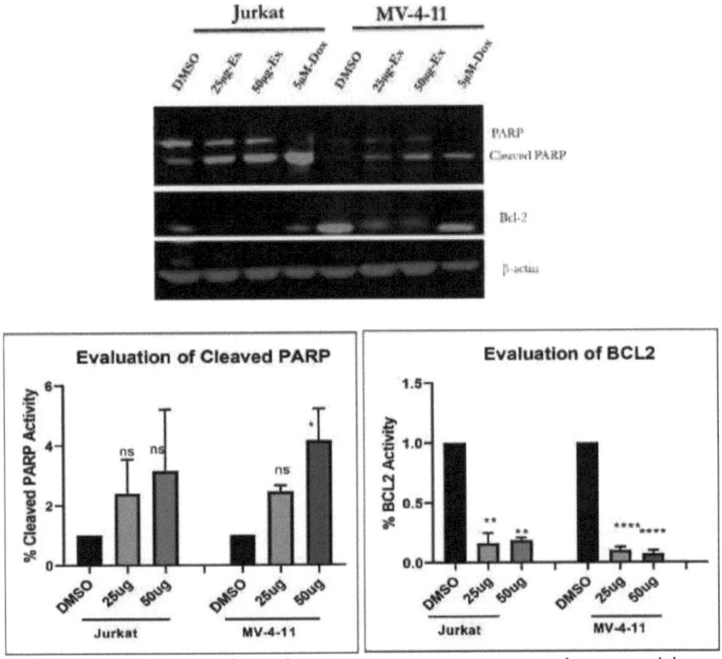

Figura 4.2.4: Efeito do extrato de *N.oleracea* na apoptose e nas proteínas apoptóticas

Efeito modulador do extrato de *N. oleracea* nas proteínas apoptóticas utilizando células Jurkat e MV-4-11. As células tratadas foram colocadas num gel SDS e foi efectuada uma análise de western blot.

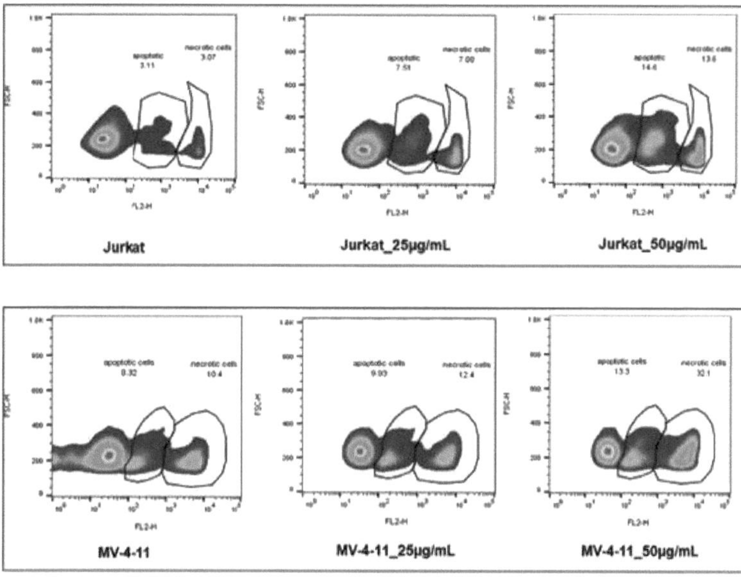

Figura 4.2.5: Análise da população de células apoptóticas e necróticas em amostras tratadas com *N.oleracea*. As células foram tratadas com 25 e 50 LI g/ml de extrato durante 24 horas.

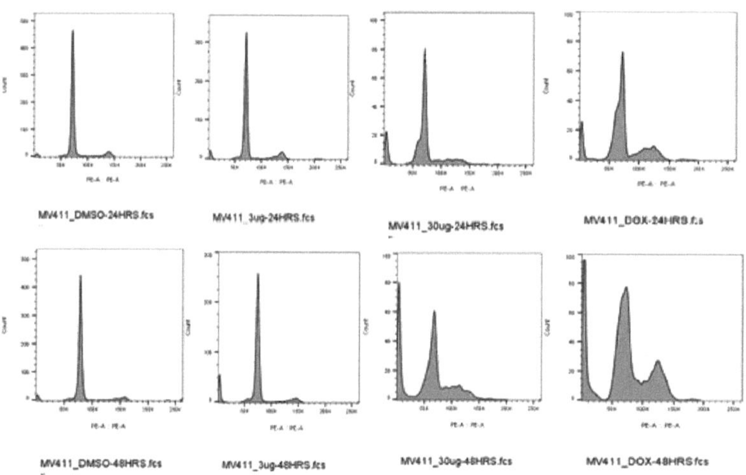

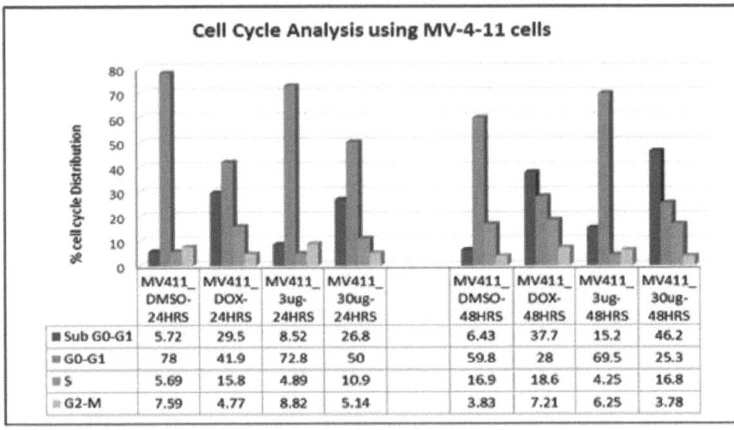

	MV411_ DMSO-24HRS	MV411_ DOX-24HRS	MV411_ 3ug-24HRS	MV411_ 30ug-24HRS		MV411_ DMSO-48HRS	MV411_ DOX-48HRS	MV411_ 3ug-48HRS	MV411_ 30ug-48HRS
Sub G0-G1	5.72	29.5	8.52	26.8		6.43	37.7	15.2	46.2
G0-G1	78	41.9	72.8	50		59.8	28	69.5	25.3
S	5.69	15.8	4.89	10.9		16.9	18.6	4.25	16.8
G2-M	7.59	4.77	8.82	5.14		3.83	7.21	6.25	3.78

Figura 4.2.6: Análise do ciclo celular utilizando células MV-4-11

Distribuição do ciclo celular de MV-4-11 após tratamento com extrato de *N.oleracea.* As células foram tratadas com extrato durante 24 e 48 horas e fixadas em etanol a frio a 70% a 4°C. As células foram analisadas utilizando FACSVERSE:

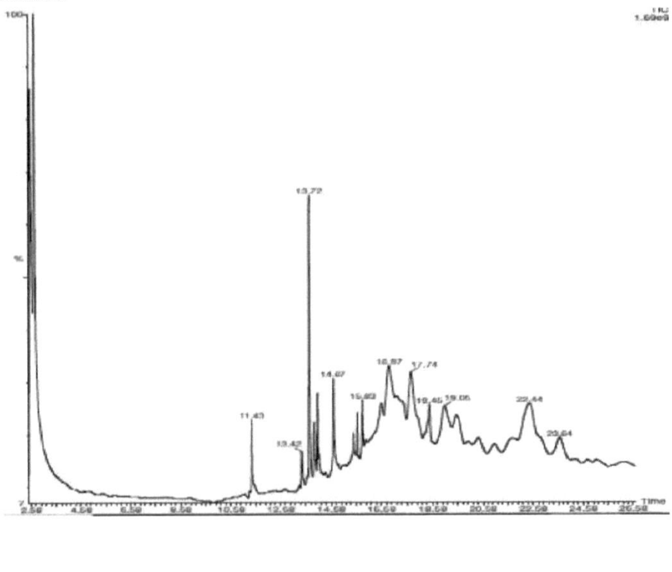

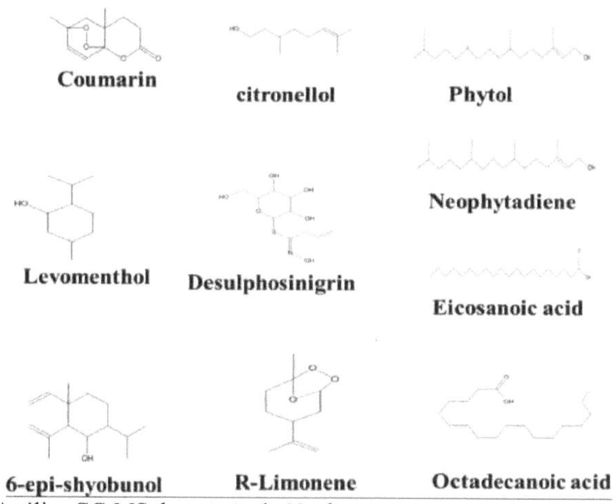

Figura 4.2.7: Análise GC-MS do extrato de *N. oleracea*

Os resultados abrangentes deste estudo sublinham o potencial da *N. oleracea* como uma fonte valiosa para o desenvolvimento de novos agentes anti-cancro. Este documento fornece uma visão geral pormenorizada dos procedimentos experimentais, metodologias e resultados do estudo, oferecendo uma compreensão abrangente das potenciais aplicações terapêuticas da *Neptunia oleracea* no tratamento do cancro.

Fonte: [Bhumireddy et al., 2022: Natural Product Research (Formerly Natural Product Letters) 36: Issue No. 4]

4.3.*Neptunia prostrata*: Uma Fonte de Medicamentos Herbais de Importância Etnofarmacológica

A Neptunia prostrata, também conhecida como *Neptunia oleracea*, é uma erva aquática flutuante pertencente à família Mimosaceae. Esta planta anual é comummente encontrada em lagos e zonas pantanosas de toda a Índia, com distribuição em 25 estados diferentes, incluindo o estado de Tripura, no nordeste do país. A planta também se encontra no Leste do Sul e no Sudeste Asiático. A planta é reconhecida pela sua importância etnofarmacológica e é valorizada pelas suas várias propriedades medicinais, o que a torna uma fonte notável de medicamentos à base de plantas nas práticas tradicionais.

Utilizações etnomedicinais da *Neptunia prostrata*

1. **Gastrite e Acidez:** *A Neptunia prostrata* tem sido tradicionalmente utilizada para tratar problemas gástricos como a gastrite e a acidez. A planta contém provavelmente compostos bioactivos que podem ter efeitos calmantes no sistema digestivo.
2. **Prisão de ventre e disenteria:** A planta é utilizada na medicina tradicional

para aliviar a obstipação e a disenteria. É possível que *a Neptunia prostrata* possua propriedades que promovam a saúde gastrointestinal e aliviem estas doenças digestivas.

3. **Atividade Hepatoprotectora:** A erva é conhecida por ter propriedades hepatoprotectoras, indicando o seu potencial para proteger o fígado de várias toxinas ou stress. Esta propriedade torna-a valiosa na medicina tradicional para doenças relacionadas com o fígado.
4. **Atividade Analgésica:** *A Neptunia prostrata* foi reconhecida pelas suas propriedades analgésicas (alívio da dor). Isto sugere que pode ser utilizada para aliviar a dor, proporcionando alívio a indivíduos que sofrem de diferentes tipos de desconforto.
5. **Atividade antimicrobiana:** Acredita-se que a planta exibe atividade antimicrobiana, sugerindo o seu potencial para inibir o crescimento de microorganismos. Esta propriedade pode ser valiosa no tratamento de várias infecções, tornando-a um componente versátil nos remédios tradicionais.

As abordagens etnofarmacológicas utilizadas para o tratamento de várias doenças foram compiladas (Quadro: 4.3)

Importância cultural: No estado de Tripura (Índia), *a Neptunia prostrata* tem um significado cultural e culinário. As tribos de Tripura cultivam esta planta, utilizando-a como vegetal e como erva medicinal. Incorporam-na em vários pratos, criando iguarias saborosas que não só são apreciadas pelo seu sabor, mas também valorizadas pelos seus potenciais benefícios para a saúde.

A Neptunia prostrata é um exemplo notável de uma planta com duplo significado - é simultaneamente uma delícia culinária e uma fonte de medicina tradicional. A importância etnofarmacológica desta planta realça o seu papel na abordagem de vários problemas de saúde nas práticas tradicionais, tornando-a um recurso valioso para as comunidades locais, particularmente na região nordeste da Índia, incluindo o Leste da Ásia do Sul.

Quadro 4.3: Quadro 1: Utilizações etnomedicinais da *Neptunia prostrata.*

S. Não.	Peças utilizadas	Preparação	Importância etno-medicinal
1	Galhos/ rebentos jovens	Os ramos esmagados são misturados com a pasta de arroz não cozido (atapchal) e transformados em comprimidos de grandes dimensões, fritos e tomados por via oral ou às refeições.	Gastrite, acidez e obstipação (Majumdar et al., 2009)
2	Caule	O sumo do caule é instilado no ouvido.	Dor de ouvido (Bhoumik e Datta, 2012)

3	Raiz e caule	A decocção da raiz e do caule.	Gonorreia (Bhoumik e Datta, 2012)
4	Folha	Meio copo de decocção de folhas é tomado por via oral durante cerca de quinze dias.	Disúria (sensação de ardor durante a passagem da urina), trata a febre alta (Ong HC, 2008)
5	Planta inteira	A infusão de toda a planta é aplicada no corpo do paciente.	Febre (Wahab et al., 2014)
6	Raízes trituradas	As raízes trituradas são aplicadas sobre o nariz para tratar úlceras sifilíticas do nariz, enquanto a decocção é tomada para tratar a sífilis.	Úlceras esfilíticas do nariz e sífilis.
7	Raízes	O extrato das raízes é tomado para o tratamento	Diarreias, por necrose do nariz e do palato duro.
8	Galhos jovens	A decocção dos ramos jovens é tomada com sal	Descarga branca (Ong HC, 2008)
9	Planta inteira	O extrato integral da planta é tomado	Helmintíase, dipsia (Wahab et al., 2014)
10	Raízes	O extrato da raiz desta planta é tomado	Estádios tardios e avançados da sífilis.

Perspectivas futuras

De acordo com o folclore, *a Neptunia prostrata* é uma erva útil para tratar várias doenças, incluindo a hepatite ou a iterícia. No entanto, a identificação de moléculas bioactivas subjacentes ao tratamento destas doenças não foi explorada ou documentada até à data. Por conseguinte, pode ser uma grande oportunidade para explorar a planta para isolamento e identificação dos componentes bioactivos desta espantosa erva medicinal. [Fonte: Ghosh et al., 2017: *Revista global de Farmácia e Ciências Farmacêuticas* 2(1): 1-3]

SECÇÃO - V

Geração de rendimentos através da cultura da Mimosa d'água

CAPÍTULO - 5

5.1: Análise de custo-benefício para a cultura de arroz em versos de Mimosa d'água

A região nordeste da Índia, em particular Manipur, oferece condições para a propagação em massa de *Neptunia prostrata* devido à sua ampla pluviosidade, humidade e amplitude térmica moderada. Além disso, cerca de 70% da população total dos quatro distritos (Imphal East, Imphal West, Bishnupur e Thoubal) do Estado praticam a cultura do arroz como principal fonte de rendimento e 20% desta população são agricultores pobres e marginais.

Lago Loktak (Manipur)

Área: 26.600 ha. Localização: 24°26'N - 93°49'E. Situado no distrito de Bishanpur. A aldeia mais próxima é Moirang. Grau de proteção: A zona húmida foi identificada como um dos locais de conservação no âmbito do Programa Nacional de Zonas Húmidas da Índia. O Governo do Estado também constituiu uma Autoridade de Desenvolvimento de Loktak para o desenvolvimento da zona húmida numa base ecológica sólida. Descrição do sítio: O lago Loktak, a maior zona húmida natural da região nordeste da Índia, é uma grande extensão de água a oeste do rio Imphal. A área de captação do lago é de cerca de 980 kms. O escoamento desta bacia hidrográfica é drenado para o lago principalmente através de sete cursos de água que têm origem sobretudo nos flancos norte e oeste do lago.

Critérios de inclusão na Convenção de Ramsar pelo Governo indiano:

Importância internacional e nacional: O lago Loktak é um lago antigo e desempenha um papel importante na economia do Estado de Manipur. Sem o lago, o vale estaria sujeito a grandes inundações durante a monção e a secas durante a estação seca. É uma fonte de água para a produção de energia hidroelétrica, a irrigação e o abastecimento de água potável. A subsistência da população rural em torno do lago depende em grande medida dos peixes do lago (Anónimo, Identification report on development of Loktak Lake, Manipur, 1988, Water and Power Consultancy Services (India) Ltd, "Kailash" 26, Kasturba Gandhi Marg, New Delhi-1).

Grandes áreas de terras cultiváveis em torno do lago Loktak, em Manipur, ficaram inutilizadas devido à inundação sazonal causada pela barragem de Ithai, construída para gerar o projeto hidroelétrico de Loktak, encomendado em 1983 pela National Hydro Electric Power Corporation. Esta barragem causou grandes dificuldades a milhares de camponeses no vale do sul de Manipur. (Kamei, 1993b)

Fig. 5.1: Vista do lago Loktak

Fig. 5.2 : Vista das áreas em redor do lago Loktak que estão inundadas pelas águas das cheias. Imagem de Neeta Satam, Índia, 2017

As pessoas afectadas mudaram a sua profissão de camponeses para trabalhadores agrícolas sem terra e trabalhadores manuais urbanos. A perda estimada de 83 450 hectares de terras cultiváveis conduz à perda de um rendimento anual de 30 a 40 milhões de rupias para o campesinato. No entanto, os danos causados pela barragem de Ithai e as medidas adoptadas pelo Estado de Manipur através da Autoridade de Desenvolvimento de Loktak (LDA) estão muito aquém das expectativas (Kabui, 1993a).

A barragem de Ithai, destinada à produção de eletricidade, foi construída num ponto não estratégico e não científico do rio Manipur, ou seja, após a confluência dos rios Manipur e Khuga, de modo a devastar o futuro das gerações de Manipur. O projeto, que visa gerar eletricidade suficiente e irrigar extensas terras agrícolas no Estado, afectou negativamente o ecossistema do lago Loktak e também inundou terras nos distritos do vale de Manipur. O impacto da barragem de Ithai não se limita apenas à submersão de terras agrícolas e à destruição dos meios de subsistência das populações. A barragem de Ithai foi responsável por uma série de inundações em Manipur The Ithai Barrage of Manipur: Os seus Impactos Emergentes no Ecossistema e Antropogénico para a ... DOI: 10.9790/0837-2305066772 www.iosrjournals.org 68 | Page como a NHPC, que em várias ocasiões se recusou a abrir as comportas da barragem de Ithai, provocando a submersão generalizada das zonas agrícolas e o desequilíbrio do ecossistema do lago. Foi igualmente reconhecida a área de comando proposta para irrigar 24 000 hectares através da irrigação por elevação de Loktak no âmbito do projeto NHPC Loktak, que, na realidade, se reduz drasticamente a 6 000 hectares. (Jugindro Singh, 2018)

Colheita de Mimosa d'água

Após dois (2) meses de plantação, as plântulas foram colhidas por corte com uma faca afiada a um comprimento de 30-40cm. A colheita pode ser efectuada a cada 2 ou 3 dias.

Análise custo-benefício para o cultivo de mimosa d'água (Área - 0,46 Acre)

a) Despesas efectuadas

Custo de 1000 plântulas @ Rs. 2/número= Rs. 2 x 1000 = Rs. 2000/-

Custo da preparação do campo a 350 rúpias/ lavoura = 350 rúpias/-

Custo de 3 kg de ureia a Rs. 10/kg por 3 vezes= Rs. 10 x 3 x 3 = Rs. 90/-

Custo de 3 kg de potassa a Rs. 7/kg= Rs. 7 x 3= Rs. 21/-

Custo da corda de plástico, poste de bambu, etc. = Rs. 1000/-

Custo do inseticida @ Rs. 120/500ml= Rs. 120/-

Total das despesas= 3581 Rs.

b) Receitas da venda de mimosa de água

Preço de venda de 200 molhos (5 ramos)

por dia a 5 rúpias por pacote= 5 rúpias x 200 = 1000 rúpias

Preço de venda da mimosa d'água em 1 mês= Rs. 1000 x 10 = Rs. 10.000/-

Preço de venda da mimosa d'água em 5 meses= Rs. 10.000 x 5 = Rs. 50.000/-

c) Ganho líquido = (b-a)

= Rs. 50.000 - Rs. 3581= Rs. 46.419/- (aprox.)

= 514,05 € (euros)

Análise custo-benefício para o cultivo de mimosa aquática (Área - 0,46 Acre) (Revisto com base na taxa de mercado atual, 2024)

a) Despesas efectuadas

Custo de 1000 plântulas @ Rs. 5/número=Rs . 5 x 1000 = Rs. 5000/-

Custo da preparação do campo a 500 rúpias/ lavoura= 500 rúpias x 2 (homens) = 1000 rúpias/-

Custo de 3kg de ureia a Rs. 20/kg por 3 vezes=Rs . 20 x 3 x 3 = Rs. 180/-

Custo de 3 kg de potassa a Rs. 50/kg=Rs . 50 x 3 = Rs. 150/-

Custo da corda de plástico, poste de bambu, etc. =Rs . 3000/-

Custo do inseticida a Rs. 340/500ml=Rs. 340/-

Despesas totais= 9670 rúpias

b) Receitas da venda de mimosa de água

Preço de venda de 200 molhos (5 ramos)

por dia a 30 rúpias por pacote= 30 rúpias x 200 = 6000 rúpias

Preço de venda da mimosa d'água em 1 mês= Rs. 6000 x 30 = Rs. 1,80,000/-

Preço de venda da mimosa d'água em 5 meses= Rs. 1,80,000 x 5 = Rs. 9,00,000/-

c) Ganho líquido = (b-a)

= Rs. 9,00,000 - Rs. 9670= Rs. 8,90,330/- (aprox.)

= 9859,64 € (euros)

Análise custo-benefício para o cultivo de arroz (Área -0,46 Acre)

a) Despesas efectuadas

Custo da preparação do terreno

@ Rs. 350/grama para 5 vezes= 350 x 5= 1750/- rupias

Custo da plântula (30 kg de sementes) a 12,5 rúpias/kg= 12,5 rúpias x 30 = 375 rúpias/-

Custo da remoção de ervas daninhas por 5 pessoas

@ Rs. 100/pessoa por dia para 2 vezes= Rs. 100 x 5 x 2 = Rs. 1000/-

Custo de 25 kg de ureia a Rs. 10/kg=Rs . 250/-

Custo de 10 kg de potassa a Rs. 7/kg=Rs . 70/-

Custo de 30kg de DAP @ Rs. 15/kg=Rs . 15 x 30 = RS, 450/-

Custo do inseticida a Rs. 120/500gm pacote= Rs. 120 x 4= Rs. 480/-

Custo do herbicida (Furadan de carbono)

@ Rs. 90/1000gm pacote= Rs. 90 x 3 = Rs. 270/-

Custo da colheita de arroz= Rs. 2500/-

Despesas totais= Rs. 7145/-

b) Rendimento do cultivo de arroz

Rendimento de Paddy para 1 sangam (0,46 Acre) = 1500kg.

Preço de venda de 1500kg de Paddy @ Rs. 12.5/kg= Rs. 12.5 x 15000 = Rs. 18.750/-

c) Ganho líquido = Rs. 18750 - Rs. 7145= Rs. 11,605/- (aprox.)

= 128,52 € (euros)

Análise custo-benefício para o cultivo de arroz (Área -0,46 Acre) (Revisto com base na taxa de mercado atual, 2024)

a) Despesas efectuadas

Custo da preparação do terreno

@ Rs. 1000/plough por 5 vezes= Rs. 1000 x 5= Rs. 5000/-

Custo da plântula (30 kg de sementes) a 30 rúpias/kg= 30 rúpias x 30 = 900 rúpias/-

Custo da remoção de ervas daninhas por 5 pessoas

@ Rs. 500 rúpias/pessoa por dia durante 2 vezes=Rs . 500 x 5 x 2 = Rs. 5000/-

Custo de 25 kg de ureia a 20 rúpias/kg=20 rúpias x 25 = 500/-

Custo de 10 kg de potassa a Rs. 50/kg=Rs . 50 x 10 = 500/-
Custo de 30kg de DAP @ Rs. 50/kg=Rs . 50 x 30 = RS, 1500/-
Custo do inseticida @ Rs. 310/500gm pacote = Rs. 310 x 4= Rs. 1240/-
Custo do herbicida (Furadan de carbono)
@ Rs. 250/1000gm pacote= Rs. 250 x 3 = Rs. 750/-
Custo da colheita de arroz= Rs. 3500/-
Despesas totais= Rs. 18890/-
b) Rendimento da cultura do arroz
Rendimento de Paddy para 1 sangam (0,46 Acre) = 1500kg.
Preço de venda de 1500kg de Paddy @ Rs. 32.5/kg= Rs. 32.5 x 15000 = Rs. 487,500/-
c) Ganho líquido = Rs. 4,87,500 - Rs. 18890= Rs. 4,68,610/- (aprox.)
= 5189,45 € (euros)

5.2: Formação fora do campus dos agricultores afectados pela barragem de Ithai em Manipur para os sensibilizar para a introdução da propagação em massa da Mimosa aquática como vegetal para a geração de rendimentos sustentáveis

Entre 2008 e 2009, foram organizados dois dias de programas de formação no campus para a propagação em massa da mimosa aquática como legume para a geração de rendimentos sustentáveis, num total de 4 programas. O grupo-alvo era constituído por beneficiários das zonas afectadas pela barragem de Ithai. Os programas foram seleccionados em 15 círculos eleitorais das assembleias de Bishenpur, Thoubal e algumas partes do distrito de Imphal East, Manipur.

A seleção e a identificação dos beneficiários da zona-alvo foram concluídas antes da formação. A seleção do candidato elegível foi feita com base no interesse, na economia e no potencial do candidato ao selecionar os formandos. As habilitações literárias estavam abertas a todos os convidados.

Dois dias foram dedicados à formação teórica e prática sobre o desenvolvimento de tecnologia para a propagação em massa de mimosa aquática como legumes para a geração de rendimentos sustentáveis. O Investigador Principal, Co. P.Is., R.A. e outras pessoas-recurso participaram na formação. Foram utilizados como material didático cartazes, gráficos e diapositivos sobre o cultivo da mimosa aquática (*Neptunia prostrata*).

O tema principal da formação inclui:

i) Sensibilizar para o desenvolvimento da tecnologia de conservação das plântulas durante a época baixa.
ii) Método de cultivo da mimosa aquática.
iii) Valores alimentares e medicinais da mimosa d'água.
iv) Utilizadas como biofertilizantes em campos de arroz.
v) Perspetiva comercial da cultura da mimosa aquática.

Foram realizadas 4 fases de programas de formação e demonstração sobre a propagação em massa de mimosa aquática (*Neptunia prostrata*) na área do projeto, com a participação de 216 pessoas (154 homens e 62 mulheres). A primeira fase do programa de formação e demonstração decorreu de 19 a 20 de abril de 2008, com um total de 56 beneficiários (36 homens e 20 mulheres) em Nambol Thiyam, Langpok, distrito de Bishnupur. A segunda fase do programa de formação e demonstração foi realizada de 29 a 30 de abril de 2008, com um total de 67 beneficiários (46 homens e 21 mulheres) em Kokchai Mayang Imphal, Imphal West. A 3.ª fase do programa de formação e demonstração realizou-se de 11 a 12 de outubro de 2008, com um total de 47 beneficiários (32 homens e 15 mulheres) em Khoijuman Mayai Leikai, distrito de Bishnupur, e a última 4.ª fase do programa de formação e demonstração realizou-se de 13 a 14 de junho de 2009, com um total de 46 beneficiários (40 homens e 6 mulheres) em Ningthoukhong, distrito de Bishnupur. Todos os beneficiários formados receberam conhecimentos técnicos sobre o cultivo em massa de mimosa aquática e a sua perspetiva comercial (quadro 5).

Quadro 5.1: Lista dos beneficiários da zona afetada pela barragem de Ithai em Manipur

Fase - I: Programa de formação e demonstração sobre a propagação em massa da mimosa aquática (*Neptunia prostrata*) realizado em Nambol Thiyam Langpok, distrito de Bishnupur, Manipur

Sl. Não.	Nome	Masculino/ Feminino	Idade	Qualificações académicas
1	R.K. Tobisana Singh S/o. (L). R.K. Pakasana	Masculino	65	VIII
2	Th. Ibohal Singh S/o. (L). R.K. Pakasana	Masculino	56	VIII
3	R.K. Dayasana Filha de. R.K. Sanajaoba	Feminino	30	Licenciatura.
4	H. Mangi Singh S/o. (L) H. Tombi	Masculino	55	Analfabeto
5	G. Ibomcha Sharma S/o. (L) G. Babuyaima Sharma	Masculino	47	VIII
6	K. Brojen Singh S/o. (L) K. Madhumangol	Masculino	36	Analfabeto
7	K. Suvachandra Singh S/o. (L) K. Madhumangol	Masculino	26	XII
8	R.K. Premchandra S/o. R.K. Sanajaoba	Masculino	29	XII
9	R.K. Lakhan S/o. R.K. Sanajaoba	Masculino	32	XII
10	K. Lukhoi Singh S/o. K. Jugindro	Masculino	32	XII
11	A. Somoijit A. Biren	Masculino	17	IX
12	Th. Milão	Masculino	16	IX

	S/o. Th. Kunjabihari			
13	L. Shanti S/o. L. Chaoba Singh	Masculino	33	BACHARELATO.
14	K. Suresh S/o. K. Nilababu	Masculino	19	XII
15	S. Pradeepkumar S/o. (L). S. Pratap	Masculino	19	X
16	R.K. Ananda S/o. R.K. Sanajaima	Masculino	35	BACHARELATO.
17	Ch. Robindro S/o. (L) Ch. Aamujao	Masculino	38	Licenciatura.
18	Th. Somorendro S/o. Th. Chaoba	Masculino	36	MESTRADO.
19	Sh. Maniram S/o. Sh. Shamu	Masculino	40	BACHARELATO.
20	Th. Kesho S/o. Th. Tom Singh	Masculino	34	BACHARELATO.
21	Sh. Manglemba S/o. Sh. Tomba	Masculino	35	X
22	A. Chaobi Filha de (L) A. Kita Singh	Feminino	68	Analfabeto
23	S. Ibechoubi Devi Doo. (L) S. Amu	Feminino	68	Analfabeto
24	Th. Memcha C/o. Th. Tomba Singh	Feminino	48	BACHARELATO.
25	Kh. Nilakanta S/o. Kh. Lokhen	Masculino	25	XII
26	Sh. Kamala Filha de (L) Sh. Biramangol	Feminino	36	Licenciatura.
27	Sh. Amileima W/o. Sh. Santa Singh	Feminino	40	BACHARELATO.
28	Sh. Premlata D/o Sh. Bira	Feminino	28	X
29	S. Anita D/o. S. Birkumar	Feminino	38	BACHARELATO.
30	Th. Binarani D/o. Th. Ibopishak	Feminino	36	X
31	Th. Debala D/o. Th. Kunjabihari	Feminino	20	XII
32	R.K. Alina Filho(a). R.K. Samuyaima	Feminino	21	XII
33	Roshida Sh. D/o. Sh. ShantiKumar	Feminino	16	X
34	Asharani Sh. D/o. Sh. Rajen	Feminino	15	X
35	R.K. Ngangbi Filha de (L) R.K. Nimai	Feminino	35	Analfabeto
36	R.K. Mangolnganbi Devi D/o. R.K. Sanajaoba	Feminino	37	XII
37	Bidyalaxmi Sh. D/o. Sh. Bijoy Singh	Feminino	16	X

38	Premita Sh. Filho(a). Sh. Mani Singh	Feminino	16	X
39	R.K. Thoibi Filha de (L) Manisana Singh	Feminino	70	Analfabeto
40	Sh. Ibiyaima S/o. Sh. Bimol Singh	Feminino	34	Licenciatura.
41	S.Inaoba S/o. Sh. Jibon Singh	Masculino	29	X
42	K. Nilababu Singh S/o. (L) K. Madhumangol	Masculino	43	XII
43	S. Singhajit Singh S/o. (L) S. Ibopishak Singh	Masculino	43	XII
44	Th. Deben Singh S/o. (L). Th. Jormo Singh	Masculino	43	Licenciatura.
45	S. Shyamchand S/o. (L) S. Ibopishak	Masculino	40	BACHARELATO.
46	Sh. Doren S/o. Sh. Gopal	Masculino	36	Mestrado.
47	R.K. Nobisana S/o. (L) Chinglensana	Masculino	70	Analfabeto
48	Th. Tomba Singh S/o. Th. Khomdom Devi	Masculino	36	X
49	Th. Naoba Singh S/o. Th. Brojen Singh	Masculino	21	VIII
50	K. Yaima Singh S/o. K. Bira Singh	Masculino	55	X
51	K. Khamba Singh S/o. K. Manglemba	Masculino	38	X
52	M. Mahabi Meitei S/o. M. Gopal	Masculino	60	XII
53	M. Ibemu Devi D/o. M. Ibomcha	Feminino	25	XII
54	O.K. Santa Singh S/o. (L) Maimu Singh	Masculino	40	XII
55	O.K. Manihar Singh S/o O.K. Koireng	Masculino	43	X
56	Th. Achouba Singh S/o. (L) Th. Chaoba Singh	Masculino	50	VIII

Fase - II: Programa de formação e demonstração sobre a propagação em massa de mimosa aquática (*Neptunia prostrata*) realizado em Kokchai Mayang Imphal, distrito de Imphal West

Sl. Não.	Nome	Masculino/ Feminino	Idade	Qualificações académicas
57	Irom Somola Devi D/o. I. Birasing	Feminino	22	Analfabeto
58	I. Babita Devi S/o. I. Amu	Feminino	25	X
59	A. Angoubi Devi W/o. A. Arke Singh	Feminino	39	X

60	S. Memi Devi S/o. S. Ibungo Singh	Feminino	21	VIII
61	S. Asharani Devi S/o. S. Bishorjit	Feminino	39	Analfabeto
62	N. Santa Singh S/o. N. Babu Singh	Masculino	40	Licenciatura.
63	N. Kamal Singh S/o. N. Nimai Singh	Masculino	40	XII
64	N. Kanta Singh S/o. N. Nimai Singh	Masculino	25	XII
65	R.K. Ratan Singh S/o. R.K. Raghumani	Masculino	37	MESTRADO.
66	R.K. Lokendro Singh S/o. (L) R.K. Marjit Singh	Masculino	40	XII
67	A. Brojen Singh S/o. A. Apabi Singh	Masculino	21	X
68	N. Tomba Singh S/o. N. Madhop Singh	Masculino	55	VIII
69	N. Chaoba Singh S/o. N. Gopal Singh	Masculino	24	XII
70	H. Khamba Singh S/o. H. Mikoi Devi	Masculino	38	Licenciatura.
71	H. Inaotombi Devi D/o. H. Chaoba Singh	Feminino	22	XII
72	S. Gunamani Singh S/o. S. Madhumangol Singh	Masculino	36	Mestrado.
73	S. Sandhyarani Devi D/o. S. Madhumangol Singh	Feminino	21	XII
74	K. Bijoy Singh S/o. K. Mani Singh	Masculino	33	XII
75	K. Joya Devi D/o. K. Joy Singh	Feminino	18	X
76	Kh. Romamani Devi S/o. Kh. Shyamo Sharma	Feminino	30	XII
77	H. Ranjana Devi S/o. H. Jotin Singh	Feminino	33	X
78	I. SantiKumar Singh S/o. I. Kanta Singh	Masculino	24	Licenciatura.
79	K. Tarun Singh S/o. K. Manglem	Masculino	25	Licenciatura.
80	H. Manglemtomba Singh S/o. H. Manaobi Singh	Masculino	39	Licenciatura.
81	H. Nungshitombi Singh D/o. H. Manaobi Singh	Feminino	22	XII
82	A. Manao Singh S/o. (L) A. Chaoba Singh	Masculino	70	VIII
83	N. Nupamacha Singh S/o. N. Chaobal Singh	Masculino	50	VIII
84	N. Shakhitombi Devi D/o. N. Kanta Singh	Feminino	37	Analfabeto
85	N. Nganbi Devi S/o. N. Kaoba Singh	Feminino	40	Analfabeto

86	L. Shyamujaima Singh S/o. (L) L. Amucha Singh	Masculino	45	X
87	L. Ningthemba Singh S/o. L. Shyamujaima Singh	Masculino	22	X
88	L. Ibohal Singh S/o. L. Amucha Singh	Masculino	55	VIII
89	L. Langbaljao Singh S/o. L. Lukhoi Singh	Masculino	28	X
90	A.K. Khamba Singh S/o. A.K. Sanajaoba Singh	Masculino	30	Analfabeto
91	A.K. Nimai Singh S/o. A.K. Khambi Singh	Masculino	22	XII
92	L. Bubol Singh S/o. L. Kaoba Singh	Masculino	60	X
93	L. Madhuri Devi D/o. L. Tomba Singh	Feminino	22	VIII
94	Th. Tomba Singh S/o. Th. Khomdon Devi	Masculino	39	X
95	Th. Joy Singh S/o. Th. Khomdon Devi	Masculino	45	VIII
96	P. Sarat Singh S/o P. Mikoi Devi	Masculino	60	XII
97	P. Bhumeshwor Singh S/o. P. Achou Singh	Masculino	30	Analfabeto
98	N. Khongnem Singh S/o (L) N. Tomba Singh	Masculino	70	Analfabeto
99	N. Kanta Singh S/o. (L) N. Tomba Singh	Masculino	55	Analfabeto
100	W. Kulla Singh S/o. W. Khamba Singh	Masculino	55	VIII
101	I. Shubdni Devi W/o. I. Rajen Singh	Feminino	35	Analfabeto
102	Th. Bijen Singh S/o. Th. Inao Singh	Masculino	20	Analfabeto
103	H. Shanti Singh S/o. H. Lalenjay Singh	Masculino	25	Analfabeto
104	H. Ibe Devi Filho(a). H. Ibomcha Singh	Feminino	25	XII
105	O. Romita Devi S/o. Th. Birmangol Singh	Feminino	19	X
106	Ch. Nanao Singh S/o. Ch. Nanaocha Singh	Masculino	28	XII
107	L. Nanaoba Singh S/o. L. Santa Singh	Masculino	22	Analfabeto
108	K. Binashakhi Devi D/o. K. Ibomcha Sharma	Feminino	50	X
109	I. Ibemcha Devi D/o. I. Ibomcha Singh	Feminino	26	X
110	H. Sana Singh	Masculino	39	XII

	S/o. H. Mangoljao Singh			
111	Kh. Lukhoi Singh S/o. Kh. Chaoba Singh	Masculino	60	Analfabeto
112	Kh. Chaoba Singh S/o. Kh. Mani Singh	Masculino	28	Licenciado
113	Thiyam Benaobi Devi D/o. Th. Chinglen Meitei	Feminino	32	X
114	M. Rakhesh Singh S/o. M. Suni Devi	Masculino	32	X
115	N. Sanathoi Mangang S/o. N. Boby Meitei	Masculino	30	X
116	W. Birnakumari Devi D/o. W. Kulla Singh	Feminino	16	VIII
117	L. Jayenta Singh S/o. L. Iboyaima Singh	Masculino	32	Licenciado
118	L. Joy Singh S/o. L. Jotinkumar Singh	Masculino	26	XII
119	R.K. Lakpa Singh S/o. R.K. Sana Singh	Masculino	40	Analfabeto
120	R.K. Tombisana S/o. R.K. Joychandra Singh	Masculino	30	Licenciado
121	N. Ibopishak Singh S/o. N. Maipaksana Singh	Masculino	26	X
122	N. Tomchou Singh S/o. N. Thambal Devi	Masculino	50	X
123	N. Thambou Singh S/o. N. Ningthemjao Singh	Masculino	60	Analfabeto

Fase - III: Programa de formação e demonstração sobre a propagação em massa de mimosa aquática (*Neptunia prostrata*) realizado em Khoijuman Mayai Leikai, distrito de Bishnupur

Sl. Não.	Nome	Masculino/ Feminino	Idade	Qualificações académicas
124	M. Rabei Singh S/o. L. Ibeyaima Devi	Masculino	42	VIII
125	Kh. Ibemcha Devi S/o. Kh. Romeu Singh	Feminino	38	X
126	Ch. Sanjoy Singh S/o. Ch. Romeu Singh	Masculino	20	X
127	Ch. Thajamanbi Devi S/o. Ch. Devan Singh	Feminino	22	X
128	Ch. Tompok Singh S/o. Ch. Sana Singh	Masculino	25	Licenciado
129	M. Tomba Singh S/o. M. Pishak Devi	Masculino	37	Licenciado

130	N. Tomchou Singh S/o. N. Irabot Singh	Masculino	40	XII
131	N. Joy Singh S/o. N. Tampha Devi	Masculino	40	XII
132	N. Hemanta Singh S/o. N. Ibohal Singh	Masculino	38	VIII
133	N. Ibomcha Singh S/o. N. Nongyai Singh	Masculino	20	X
134	N. Nungshitombi Devi S/o. N. Inakhumba Singh	Feminino	40	Analfabeto
135	N. Shakhi Devi Cônjuge. N. Thambou Singh	Feminino	47	VIII
136	N. Nungshithoi Devi S/o. N. Ibotombi Devi	Feminino	46	Licenciado
137	T. Ibohal Singh S/o. T. Ningthou Singh	Masculino	30	VIII
138	T. Temba Singh S/o. T. Hera Singh	Masculino	50	Licenciado
139	T. Inakhumbi Devi em união com T. Yaiskul Singh	Feminino	40	VIII
140	T. Ratan Singh S/o. T. Ranbir Singh	Masculino	27	X
141	T. Ibiyaima Devi D/o. T. Yaima Singh	Feminino	45	VIII
142	Y. Nganbi Devi S/o. Y. Nanda Singh	Feminino	45	X
143	Ch. Ojit Singh S/o. Ch. Kumar Singh	Masculino	30	XII
144	Ch. Thajamanbi Devi S/o. Ch. Chaoba Singh	Feminino	40	Licenciado
145	Ch. Somorjit Singh S/o. Ch. Arun Singh	Masculino	28	Licenciado
146	Ch. Mema Devi Filha/o. Ch. Manglem Singh	Feminino	18	X
147	Th. Kulla Singh S/o. Th. Yaima Singh	Masculino	29	XII
148	Th. Nobin Singh S/o. Th. Naba Singh	Masculino	30	XII
149	Th. Chaoba Singh S/o. Th. Robindro Singh	Masculino	27	Licenciado
150	Th. Naoba Singh S/o. Th. Bina Devi	Masculino	26	XII
151	P. Rame Singh S/o. P. Pasuram Singh	Masculino	22	X
152	P. Achou Singh S/o. P. Madhumangol Singh	Masculino	45	VIII
153	Y. Nanda Singh S/o. Y. Yaima Singh	Masculino	38	X

154	Y. Naocha Singh S/o. Y. Biren Singh	Masculino	20	X
155	L. Amuba Singh S/o. L. Landoni Devi	Masculino	26	XII
156	L. Yaima Singh S/o. L. Tombi Singh	Masculino	60	Analfabeto
157	N. Premjit Singh S/o. N. Shyam Singh	Masculino	29	X
158	Th. Nabachandra Meitei S/o. Th. Kanhai Meitei	Masculino	28	XII
159	Th. Keba Singh S/o. Th. Thabaljao Singh	Masculino	27	XII
160	O. Koba Singh S/o. 0. Chaobi Devi	Masculino	50	VIII
161	O. Kanta Singh S/o. O. Shamungou Singh	Masculino	48	VIII
162	Ch. Komol Singh S/o. Ch. Nobil Singh	Masculino	26	X
163	Ch. Romeshchandra Singh S/o. Ch. Ibohal Singh	Masculino	26	X
164	Ch. Romio Singh S/o. Ch. Jugeshwor Singh	Masculino	29	Licenciado
165	Ch. Mema Devi Sogro(a). Ch. Nobil Singh	Feminino	30	XII
166	N. Pakpi Devi D/o. N. Tombi Singh	Feminino	18	X
167	N. Sanahalbi Devi D/o. N. Prasuram Singh	Feminino	16	X
168	S. Premila Devi D/o. S. Pramot Singh	Feminino	16	X
169	Th. Ibemchoubi Devi S/o. Th. Kanta	Feminino	28	VIII
170	P. Somokanta Singh S/o. P. Irabot Singh	Masculino	29	VIII

Fase - IV: Programa de formação e demonstração sobre a propagação em massa da mimosa aquática (*Neptunia prostrata*) realizado em Ningthoukhong, distrito de Bishnupur

Sl. Não.	Nome	Masculino/ Feminino	Idade	Qualificações académicas
171	P. Mahabi Singh S/o. Meghajit Singh	Masculino	18	XII
172	K. Yaima Singh S/o. K. Mombi Devi	Masculino	45	X
173	K. Jayenta Singh S/o Mombi Devi	Masculino	36	Licenciado
174	N. Jashumati Devi D/o. N. Khamba Singh	Feminino	32	Licenciado

175	W. Nanaobi Devi D/o. W. Hemanta Singh	Feminino	16	X
176	W. Joymati Devi D/o. W. Moba Singh	Feminino	25	XII
177	Th. Achouba Singh S/o. Th. Kaoren Singh	Masculino	45	VIII
178	Th. Ibemhal Devi S/o. Th. Mam Singh	Feminino	40	VIII
179	Th. Gandhi Singh S/o. Th. Ibobi Singh	Masculino	38	X
180	O.K. Kanta Singh S/o. O.K. Mani Singh	Masculino	20	X
181	O.K. Joykumar Singh S/O. O.K. Maui Singh	Masculino	30	VIII
182	R.K. Somorjit Singh S/o. R.K. Tombisana Singh	Masculino	26	Licenciado
183	L. Achoubi Singh S/o. L. Angou Singh	Masculino	27	Licenciado
184	L. Shyamjai Singh S/o. L. Shamuyai Singh	Masculino	25	XII
185	L. Sanajaoba Singh S/o. L. Lakpa Singh	Masculino	30	VIII
186	T. Mema Devi Cônjuge. T. Ibohal Singh	Masculino	28	XII
187	T. Hemjit Singh S/o. T. Premjit Singh	Masculino	22	X
188	N. Momocha Singh S/o. N. Tomba Singh	Masculino	25	Licenciado
189	N. Bimol Singh S/o. N. Nando Singh	Masculino	30	VIII
190	K. Jugeshwor S/o. K. Bilashini Devi	Masculino	39	Licenciado
191	K. Hemojit Singh S/o. K. Bilashini Devi	Masculino	36	Licenciado
192	K. Samphaba Singh S/o. K. Nganbi Devi	Masculino	50	VIII
193	L. Amu Singh S/o. L. Ibomcha Singh	Masculino	38	VIII
194	L. Achoubi Singh S/o. L. Thabal Devi	Masculino	60	VIII
195	M. Naba Singh S/o. M. Kaoren Singh	Masculino	45	Licenciado
196	M. Bhurneshwor Singh S/o. M. Jugindro Singh	Masculino	38	Licenciado
197	M. Joychandra Singh	Masculino	32	MESTRADO.

	M. Jugindro Singh			
198	H. Inao Singh S/o. H. Gunel Singh	Masculino	37	VIII
199	H. Chaoba Singh S/o. H. Gunel Singh	Masculino	29	XII
200	Th. Rajendro Sngh S/o. Th. Ibomcha Singh	Masculino	45	VIII
201	Th. Achou Singh S/o. Th. Ibomcha Singh	Masculino	40	VIII
202	Th. Ashokkumar Singh S/o. Th. Ibomcha Singh	Masculino	36	X
203	L. Bhumeshwor Singh S/o. L. Memmi Devi	Masculino	20	XII
204	L. John Singh S/o. L. Jugindro Singh	Masculino	18	X
205	L. Johnson Singh S/o. L. Jugindro Singh	Masculino	25	Licenciado
206	L. Boby Singh S/o. L. Chaobi Devi	Masculino	26	X
207	N. Boycha Singh S/o. N. Joy Singh	Masculino	24	VIII
208	N. Subol Singh S/o. N. Tomba Singh	Masculino	45	VIII
209	H. Shyam Singh S/o. H. Shyamu Singh	Masculino	38	XII
210	H. Somokanta Singh S/o. H. Achou Singh	Masculino	35	X
211	L. Rishikanta Singh S/o. L. Manglemba Singh	Masculino	28	VIII
212	L. Roson Singh S/o. L. Ibiyaima Devi	Masculino	26	XII
213	W. Rajit Singh S/o. W. Menjor Singh	Masculino	45	Licenciado
214	W. Robinson Singh S/o. W. Laiba Singh	Masculino	30	Licenciado
215	W. lbemhal Devi Cônjuge. W. Kumar Singh	Feminino	45	X
216	W. Memcha Devi S/o. W. Ibomcha Singh	Feminino	50	VIII

Mimosa de água - passado e presente

CAPÍTULO - 6

Discussão geral

Neptunia prostrata (Lam.) Baill. (Syn. *N. oleracea* Laur.), nome comum (mimosa aquática), pertence à Ordem - Fabales e à Família - Leguminoceae, é uma erva aquática, perene, com um longo caule flutuante que cresce ativamente durante a estação das chuvas. Encontrava-se normalmente em Manipur (climas tropicais), em pântanos quentes e frequentemente estagnados, lagos e riachos de movimento lento. Cada nó produz 2-3 rebentos laterais com raízes profundas e pigmentadas. A planta floresce durante as temperaturas frias (Deb, 1961). *Neptunia prostrata difere* de *N. plena* por ter um hábito de crescimento flutuante, com nódulos formados na base das raízes adventícias que emergem de caules flutuantes muito esponjosos (Schaede, 1940; Subha Rao et. al., 1995). A variação no comportamento de *N. prostrata* (Lam.) Baill. durante diferentes estações do ano, bem como em diferentes áreas de cultivo na mesma estação, pode ser atribuída à sua sensibilidade ao fotoperíodo, temperatura, humidade, natureza do solo e água. Em condições naturais, a regeneração das plantas no início das chuvas após um período seco pode ser atribuída à germinação de sementes e à germinação de segmentos de caule dormentes que sobrevivem na presença de humidade residual sob biomassa seca e em decomposição de plantas flutuantes previamente cultivadas. Após o aumento do nível da água, as plantas adultas exibiram um hábito de crescimento horizontal típico devido ao desenvolvimento extensivo de "flutuadores" internodais esponjosos e brancos. As folhas jovens, os nódulos e as raízes possuíam pigmentos vermelhos brilhantes (provavelmente antocianina). Os entrenós esponjosos permaneceram frescos e brancos até ao regresso da estação seca, quando as algas epífitas cresceram sobre a biomassa em decomposição. Isto coincidiu com a deiscência das vagens e a queda de sementes castanhas escuras.

Em ambiente aquático, *N. prostrata* (Lam.) Baill. desenvolveu muitos nódulos radiculares fixadores de azoto associados ao caule, de diferentes formas e tamanhos. As características bioquímicas e fenotípicas das bactérias simbióticas revelaram que o microssimbionte era *Rhizobium leguminosarum* (MTCC 10096). Trabalhadores anteriores tinham relatado vários outros géneros que nodulam eficazmente a planta. Os géneros *Devosia* sp. (Rivas et al., 2002) e *Allorhizobium* (de Lajudie et al., 1998a) também encontraram nódulos em *N. prostrata*, mas Subha Rao et al., 1995, relataram na Índia que o nódulo nesta leguminosa era devido a *Rhizobium* sp. A formação de nódulos em *Neptunia prostrata* (Lam.) Baill. ocorreu em qualquer altura durante o ciclo de crescimento, o que constituiu uma vantagem ecológica importante. Trabalhadores anteriores haviam relatado o processo de infeção rizobial nas raízes das leguminosas mimosoides aquáticas - *Neptunia* sp. (Schaede,1940; Debelle et al., 1986; Subha Rao et al., 1995) e *N. plena* (James et al., 1992a; Schaede, 1940; Debelle et al., 1986; Subha Rao et al., 1995) e *N. plena* (James et al.,1992a).

O resultado da investigação aumentou a diversidade de interacções simbióticas invulgares entre *Rhizobium* e leguminosas tropicais que se desviaram do paradigma estabelecido por estudos sobre leguminosas temperadas terrestres. Estes estudos indicam que *Rhizobium* sp. representa um grupo específico de rizóbios de crescimento rápido que ocupou um nicho ecológico único ao entrar numa simbiose de nódulos radiculares fixadores de N2 com a leguminosa tropical *Neptunia,* que, em condições naturais, estava adaptada a crescer horizontalmente como planta aquática flutuante e não desenvolve pêlos radiculares. Outras leguminosas aquáticas tinham a capacidade de produzir nódulos radiculares, mas, no caso da Sesbania rostrata e de outras espécies de *Aeschynomene,* cresciam verticalmente e dependiam apenas dos nódulos do caule quando os seus sistemas radiculares estavam submersos. Além disso, as leguminosas tropicais Campsiandra nodularam debaixo de água (Barrios e Herrera, 1993a), mas os nódulos estavam submersos muito mais profundamente do que em *Neptunia* e não estavam associados a caules flutuantes.

No entanto, um problema potencial com um ambiente aquático era o facto de os sinais de reconhecimento bacteriano da planta necessários para a indução do processo de nodulação (Sprent, 1989; Brewin, 1991; Hirsch, 1992) poderem ser demasiado diluídos. Subha-Rao et al., (1995) sugeriram que as fissuras ou feridas produzidas por leguminosas aquáticas com um processo de infeção sem pêlos radiculares poderiam permitir a acumulação de factores indutores de genes de nodulação (por exemplo, flavonóides - produzidos pelas plantas) e de factores indutores de nódulos (por exemplo, oligossacáridos de lipochitina) (Spaink, 1995). Era possível que os densos tapetes de vegetação da planta permitissem a acumulação destes produtos químicos. Isto foi apoiado pelo trabalho de James et al., 1992a, que mostrou que o extrato de caule de *N. plena* tem uma atividade indutora substancial de genes de nódulos. Curiosamente, não foram observados nódulos radiculares quando as plantas foram cultivadas em massas de água em movimento. As moléculas de sinalização para os factores indutores de nódulos podem provavelmente ser lavadas e transportadas pela água em movimento.

Os exames de microscopia de luz e eletrónica revelaram que os nódulos se formaram no sistema radicular da planta. Esta constatação foi apoiada pelo trabalho de James et al. (1992a). Eles observaram que o sistema vascular dos nódulos estava sempre ligado às raízes adventícias, mas não ao caule da planta. A principal vantagem de ter nódulos em raízes que surgem do caule flutuante foi o facto de as vias aéreas serem mantidas a um nível mínimo (James et al., 1992a) e, por conseguinte, a simples difusão de O_2 através da via interligada de caule/raiz/nódulo/aerênquima/lenticelas foi suficiente para suprir as necessidades respiratórias do nódulo (Loureiro et al., 1994). A fixação biológica de azoto pode ser uma fonte importante de azoto na agricultura quando são utilizados sistemas simbióticos de fixação de N_2. A quantidade de entrada de N foi relatada como sendo tão alta quanto 360 kg N ha^{-1} (Ladha et al., 1990). O presente estudo em *Neptunia*, após 10 semanas de plantação, revelou que a quantidade de azoto atmosférico fixado foi estimada em 1,75 g N kg^{-1} solo (175 kg N ha^{-1}). Por outro lado, as amostras de plantas não inoculadas utilizaram o azoto necessário para o seu crescimento a partir do azoto residual do solo, esgotando assim cerca de 0,25 g N k^{-1} solo (25 kg N ha^{-1}) do solo.

Observou-se que o efeito da adição de composto de estrume de quinta foi muito mais pronunciado do que a adição de ureia na simbiose *Rhizobium-Neptunia prostrata*. Embora o N total tanto no composto de estrume de quinta como na ureia fossem de igual proporção, o composto de estrume de quinta foi mais benéfico para o desempenho geral da planta. Isto pode dever-se à presença de outros nutrientes vitais no composto de estrume de quinta, para além do N, essenciais tanto para a planta hospedeira como para o microssimbionte. Além disso, o composto de estrume de quinta tinha diferentes formas de compostos de N (por exemplo, nitrato, amoníaco devido a resíduos metabólicos, decomposição microbiana, etc.) que as plantas absorvem prontamente e que podem influenciar grandemente os resultados. O número de nódulos e a biomassa seca mostraram um declínio mais pronunciado com o aumento dos níveis de N. Em todas as amostras, o número de nódulos e a biomassa foram relativamente altos em concentrações mais baixas de N, mas concentrações mais altas de N diminuíram substancialmente o número de nódulos radiculares e a biomassa de nódulos. Nas plantas cultivadas com ureia, registaram-se efeitos negativos da ureia na nodulação em todas as amostras. Foram avançadas várias teorias para explicar o efeito negativo do nitrato na nodulação induzida por rizóbios (Champigny et al., 1985; Giannakis-et al.1988; Alcantar-Gonzales et al., 1988). A presença de amoníaco diminui a fixação de N ao afetar a síntese da enzima nitrogenase pelo organismo fixador de azoto (Bishop et al., 1975; Gordon e Brill, 1972 e Sloger,

1976). Os dados obtidos em plantas cultivadas com composto de esterco de curral revelaram um efeito positivo significativo na nodulação. No entanto, com o aumento da concentração de N, foi observado um declínio progressivo no número de nódulos e na biomassa da planta.

O crescimento e a produção de biomassa pelas plantas aumentaram substancialmente quando expostas a concentrações cada vez mais elevadas de N, mas na concentração mais elevada de N (ureia e composto de estrume de quinta), não se registou mais nenhum aumento significativo no crescimento das plantas e na produção de biomassa. Foi significativamente maior a produção de biomassa nos níveis intermédios de nitrato (ureia e composto de estrume de quinta). Os dados sobre o crescimento e a produção de biomassa da planta revelaram que a aplicação de uma concentração elevada de N no solo nem sempre foi benéfica. O peso seco dos rebentos mostrou uma resposta mais pronunciada ao N do que as raízes, o que sugere que as partes acima do solo da planta beneficiaram mais do azoto adicional.

As concentrações de N no solo estavam altamente correlacionadas com a assimilação de N nas plantas. Observou-se que diferentes concentrações de ureia tinham diferentes taxas de acumulação de N na planta. Concentrações mais elevadas de N no solo resultaram em taxas de acumulação mais elevadas, mas após uma determinada concentração mais elevada, a acumulação de N diminui drasticamente. Foram obtidos resultados semelhantes na aplicação de composto de estrume de quinta, em que a aplicação de concentrações mais elevadas de N reduziu a acumulação de N na planta. O estudo mostrou que, embora benéfico em concentrações mais baixas, o aumento do estado do N no solo e a aplicação de fertilizantes N também reduzem a fixação de N2 pela planta. Estes resultados corroboram a opinião de que a aplicação de composto de estrume de quinta para o cultivo de N. *prostrata* (para legumes, forragem ou como adubo verde) foi promotora, enquanto a ureia como fonte de N foi repressiva.

Um manual do utilizador para o cultivo de plantas aquáticas comestíveis comercialmente importantes em 4 cidades do Sudeste Asiático e arredores (2003). O manual foi elaborado pelo pessoal da PAPUSSA em Bankok (Tailândia), Hanoi (Vietname), Ho Chi Minh City (Vietname) e Phnom Penh (Camboja) depois de 3 anos de trabalho com agricultores de plantas aquáticas nestas cidades. A informação foi recolhida e verificada, uma vez que existem várias diferenças entre os métodos de cultivo ou as plantas aquáticas mais comuns entre as cidades. O manual está dividido em secções e o cultivo destas espécies em cada cidade e nos seus arredores.

I. Directrizes para o cultivo de mimosa aquática em Bankok e arredores (Tailândia)

Introdução :- A mimosa aquática é uma das mais importantes. Os legumes nativos tailandeses ou as plantas aquáticas que têm estado envolvidos na vida dos tailandeses desde o passado.

As tecnologias utilizadas para o cultivo intensivo de mimosa aquática na zona peri-urbana de Bankok são apresentadas a seguir:

Preparação do campo, método de cultivo, fertilização e gestão, colheita e embalagem, transporte, mercado e problemas - Os principais problemas da cultura da mimosa aquática são os insectos e os surtos de doenças, etc.

II. Cultivo de plantas aquáticas na cidade de Ho Chi-Minh e arredores, Vietname

Esta brochura tem como objetivo fornecer técnicas básicas de cultura necessárias para iniciar e operar sistemas de cultura de mimosa aquática. Seleção de plantas para propagação, preparação de tanques, transplantação, manutenção e gestão, mão de obra necessária, equipamento agrícola, método de colheita, preparação da planta para venda, armazenamento, renovação de plantas de plântulas, doenças da mimosa aquática e problemas enfrentados - falta de medidas de prevenção e tratamento de doenças, etc., medidas de proteção da saúde humana, benefícios económicos do sistema, beneficiários da cultura da mimosa aquática.

III. Técnicas de cultivo de mimosa aquática na zona peri-urbana de Ha Noi (Vietname)

A mimosa aquática cresce melhor em zonas de planície, exigindo uma troca de água diária frequente. A mimosa aquática é cultivada de março a julho. As técnicas de cultivo incluem Preparação do campo, Métodos de cultivo, Seleção de sementes, Método de cultivo (em água), Gestão e fertilização, Colheita, Manutenção de plântulas.

IV. Cultivo de mimosa aquática no lago Boeung Cheung Ek, Phnom Penh, Camboja

A Mimosa d'água é uma planta aquática popular cultivada em Phnom Penh, que é consumida tanto cozinhada como crua.

Equipamento necessário - Equipamento para a produção de plântulas, Equipamento para a pulverização de pesticidas, Equipamento para a colheita; Métodos de cultivo - Preparação dos postes, entrançamento das plântulas de mimosa aquática, manutenção da mimosa, Produtos químicos e pesticidas habitualmente utilizados; Colheita; Dificuldades - Saúde humana afetada na sequência da aplicação de produtos químicos - uso insuficiente de equipamento de segurança - máscaras, luvas, etc.

Neptunia oleracea Lour. (Sinónimo: *N. prostrata* Lam.) é uma planta aquática amplamente distribuída pelas regiões tropicais do mundo. É cultivada em zonas rurais, especialmente no Sudeste Asiático. É consumida como legume e como erva tradicional para o tratamento de várias doenças, como febre, dor de ouvidos, envenenamento, obstipação e gastrite (Paul et al., 2012, Deb et al., 2013). Foi relatado que esta planta possui potenciais propriedades anti-inflamatórias, antiulcerosas, anti-microbianas e anticancerígenas (Nakamura et al., 1996; Bhoomannavar et al., 2011a, Bhoomannavar et al., 2011b). Além disso, os resultados do trabalho anterior de (Lee et al., 2014) revelaram a valência desta planta na eliminação do radical livre DPPH e actividades inibidoras da glucosidase. Compostos fenólicos, incluindo derivados de quercetina, kaempferol e apigenina, bem como ácidos fenólicos, foram revelados como importantes eliminadores de radicais livres e inibidores de glucosidase em *N. oleracea* (Lee et al., 2016, Lee et al, 2018).

Tendo em conta a importância dos compostos fenólicos na contribuição para as actividades de eliminação do radical livre DPPH e de inibição da a-glucosidase da *N. oleracea,* o presente trabalho tenta isolar estes compostos utilizando vários procedimentos cromatográficos. Os compostos fenólicos isolados foram caracterizados e testados individualmente quanto às suas actividades. O trabalho sobre os isolamentos, as avaliações da atividade biológica e a análise quantitativa dos compostos fenólicos foram relatados pela primeira vez para N. oleracea (Lee et al., 2019).

O crescimento bem sucedido da mimosa aquática depende sobretudo da qualidade das plântulas. Assim, devem ser escolhidos os seguintes critérios para a seleção de plântulas para o cultivo bem sucedido da planta.

a) Caule grande e tamanho homogéneo dos componentes flutuantes.

b) O comprimento médio adequado do caule deve situar-se entre 0,4 e 0,6 m.

c) Bom aspeto das folhas. Bom enraizamento, raízes jovens. Evitar as plantas com raízes velhas para as plântulas.

d) As plântulas não devem apresentar sinais de doença, nomeadamente os elementos flutuantes e as folhas. As folhas devem ser frescas, sem coloração amarela.

A dimensão dos tanques varia em função das capacidades dos produtores. O tanque de cultura deve estar localizado de forma a que a água possa ser trocada facilmente. O abastecimento de água fresca e limpa pode ser um fator decisivo do sistema de cultura da mimosa aquática. Além disso, a capacidade de troca de água é outro requisito para o bom crescimento da planta. O tanque deve ser cuidadosamente preparado antes do transplante para garantir boas condições para o melhor crescimento da planta. Durante este período, devem ser utilizados adubos orgânicos para fornecer uma fonte de nutrientes para a planta cultivada. As margens do tanque devem ser verificadas e reparadas após cada colheita. Medidas de prevenção de inundações devem ser construídas (por exemplo, diques de lago mais altos) se os tanques estiverem localizados em áreas propensas a inundações. O fundo do tanque deve ser seco ao sol por pelo menos 2-3 dias antes de fornecer água. A água deve ser condicionada durante 4-7 dias antes da transplantação da mimosa aquática.

Tendo em conta os resultados incoerentes e inadequados relativos à produção em massa de *Neptunia prostrata* em Manipur, foram realizados ensaios em microplot para determinar as taxas óptimas de aplicação de fertilizantes com NPK sintético 60:40:40 e composto de estrume de quinta. No caso do fertilizante químico, a melhor combinação de tratamentos para a produção óptima de *Neptunia prostrata* foi 65 mg: 75 mg: 37,5 mg (NPK) kg^{-5} solo com 10^8 células ml^{-1} isolados de Rhizobium, que exibiu um aumento de 139,85 % e 389,24 % no comprimento e peso dos rebentos, respetivamente, em relação ao controlo. No entanto, no tratamento com composto de estrume de quinta, o melhor tratamento foi observado na dose mais elevada de composto de estrume de quinta, que apresentou um aumento de 176,9% no comprimento dos rebentos e de 375,2% no peso dos rebentos em relação ao controlo.

As plantas preferem uma intensidade de luz muito brilhante e um fotoperíodo curto (<12 horas). Verificou-se que a temperatura óptima para o seu crescimento se situa entre 25-30°C. Estudos sobre o habitat da planta no solo revelaram que ela prefere solos ligeiramente ácidos (pH 5 - 6,5), profundidade do solo (20 - 50 cm rasos) e alta fertilidade do solo. O início da chuva durante maio/junho resultou numa acumulação gradual de água nos lagos e proporcionou a estação ideal para a produção em massa e o cultivo desta planta. A mimosa aquática foi sempre cultivada em combinação com a lentilha-d'água. O objetivo do povoamento com lentilha de água era sombrear a coluna de água para evitar o crescimento de plâncton, que utilizaria nutrientes e, assim, reduziria a produção de mimosa aquática. Como a lentilha cresce muito rapidamente, pode ser colhida diariamente. Este subproduto da cultura de mimosa de água pode ser usado para alimentar peixes herbívoros e vendido a piscicultores. A qualidade da água deve ser mantida através de uma troca regular de água. A erva e outras ervas daninhas devem ser removidas do tanque de cultivo.

O crescimento da lentilha-d'água também teve de ser controlado através de colheitas regulares, porque se a lentilha-d'água crescesse a uma densidade elevada, o crescimento da *Neptunia* seria afetado. Contudo, a densidade da lentilha d'água deve ser mantida corretamente, o que pode ser aprendido com a experiência. A mimosa aquática estava pronta para a primeira colheita 15 - 20 dias após a transplantação. Nesta altura, cada grupo de mimosa aquática transplantada consistia em 3 - 4 caules, dos quais 1 - 2 caules podiam ser colhidos. Os caules com um comprimento de 0,5 - 1 m eram adequados para venda e, por conseguinte, deviam ser colhidos. O intervalo de colheita era diferente de estação para estação, uma vez que a taxa de crescimento da mimosa aquática variava sazonalmente. *A Neptunia* pode ser colhida em 2 ou 3 dias, alternadamente, na estação das chuvas, uma vez que apresenta uma taxa de crescimento muito elevada.

O cultivo de *Neptunia* teve de ser monitorizado cuidadosamente numa base diária, de modo a que a doença pudesse ser reconhecida precocemente para tratamentos adequados. O surto de doenças era um dos maiores problemas no cultivo de *N. prostrata* (La) Baill. Esta medida poderia ajudar a evitar que a doença se espalhasse para todo o tanque ou para outros tanques, o que poderia causar perda total. Se a infeção não fosse identificada e tratada dentro de 2-3 dias, todo o tanque poderia ser infetado e perdido. Durante a época de cultivo de *N. prostrata*, foram recolhidos três (3) insectos nocivos, isto é, *Spodoptera litura*, *Eurema hecabe* e *Euproctis fraterna*, que se alimentavam e destruíam as partes da planta, isto é, folhas, rebentos novos, caule, etc. Duas grandes doenças fúngicas causadas por *Fusarium oxysporum* var. *aurantiacum* e *Alternaria alternata* (Fr.) Keissler também foram observadas durante as estações de crescimento. Estes fungos causaram danos graves a toda a planta durante a época de crescimento. Se as doenças não fossem controladas a tempo, toda a cultura seria danificada em poucos dias.

Avaliou-se o ensaio de biocontrolo de *Fusarium oxysporum* var. *aurantiacum* e *Alternaria alternata* (Fr.) Keissler utilizando 9 (nove) fitoextratos. *Solanum anguivi*, *Vitex trifolia*, *Tamarindus indica* e *Allium tuberosum* resultaram em 25 a 35,9% de efeito inibidor de crescimento contra *Fusarium Oxysporum*. No caso de *Alternaria alternata*, a maior atividade antifúngica foi demonstrada por *Allium tuberosum* (36,32%), seguido de *Zingiber officinale* (25,54%) e *Tamarindus indica* (21,72%). Estes resultados sugerem que o Allium tuberosum pode ser utilizado para o biocontrolo de ambas as doenças. No entanto, o uso de fungicidas viz Carbendazime 50% W.P., Mancozeb 75% W.P.. Thiophanate Methyl 70% W.P. resultou num efeito inibidor de crescimento de 100%. A partir da análise, observou-se que a aplicação de fungicidas foi mais eficaz do que a aplicação de fitoextratos. No entanto, o controlo da doença por agentes de biocontrolo reduziu problemas como danos à diversidade biótica, toxicidade para espécies não visadas, etc., criados pela aplicação de fungicidas. O presente estudo revelou que todos os fitoextratos testados possuem algumas propriedades fungicidas. No entanto, *Allium tuberosum*, *Solanum anguivii*, *Tamarindus indica*, *Vitex trifolia* e *Zingiber officinale* apresentaram a maior atividade antifúngica contra os fungos testados. Sugerem-se estudos adicionais através da realização de diferentes bioensaios para compreender o modo de ação, testes de campo e identificação da(s) molécula(s) ativa(s) envolvida(s) para explorar as suas utilizações no programa GIP.

O presente estudo teve por objetivo demonstrar a atividade anticancerígena do extrato metanólico de *Neptunia oleracea* Lour. O extrato metanólico foi isolado e a sua atividade anti-proliferativa foi estudada em linhas celulares de cancro hematológico. A atividade do extrato foi ainda avaliada através da análise do ciclo celular e de ensaios de apoptose. Foi também avaliado o efeito do extrato na modulação de C - Myc e Perk ^. O extrato de *N. oleracea* Lour. induziu a morte celular nas células cancerosas, poupando as células normais. Observou-se um aumento da PARP clivada e uma redução dos níveis de Bell 2 após o tratamento. *A Neptunia oleracea* provoca uma redução dos níveis de C-Myc e do nível de proteínas PERK ^. O presente trabalho destaca o extrato metanólico de *N. oleracea* Lour. como um agente anti-cancro promissor.

A Organização Mundial de Saúde (OMS) estimou que cerca de 80% da população mundial depende principalmente de medicamentos tradicionais, sobretudo de plantas medicinais, para os seus cuidados de saúde (Patwardhan et. al., 2004). Os produtos naturais de plantas medicinais oferecem oportunidades ilimitadas para a obtenção de novos fármacos devido à sua disponibilidade diversificada e abundante. Devido ao aumento dos efeitos adversos e da resistência aos medicamentos sintetizados quimicamente, o mundo voltou-se para a etnofarmacognosia explorando vários medicamentos à base de plantas com atividades biológicas como anticâncer, antimicrobiano, antioxidante, antidiarreico, analgésico e atividade de cicatrização de feridas, etc. (Sasidharan et. al., 2011; Butler, 2004 e Latlou, 2013). Gaur et al. (2021) destaca diferentes potenciais terapêuticos prospectivos de plantas aquáticas comummente disponíveis de diferentes regiões da Índia para avaliar os efeitos terapêuticos de extractos ou compostos osolados das espécies vegetais para estabelecer a sua aplicabilidade no domínio da medicina. Este capítulo centra-se nas utilizações etnomedicinais da planta *Neptunia prostrata* utilizada na região do ponto quente Indo-Myanmar.

A mimosa aquática (*Neptunia oleracea* Lour.) é uma planta aquática comestível geradora de rendimentos elevados (Unnithan, 2019). *Neptunia*, de acordo com estudos realizados no CSIR, Manipur por Jain e Singh (2012), relata que a planta pode ser cultivada tanto em condições climáticas tropicais como temperadas, com maior precipitação, tanto à sombra como ao sol aberto e brilhante, com solos argilosos, argilosos ou siltosos com pH do solo de 5,5 a 7. É muito adequado para cultivar em lagoas com fonte de água permanente. A planta produz flores durante os meses de julho a setembro e frutos durante os meses de outubro a novembro. Pode ser propagada através de material vegetativo e sementes (20 - 22 x taxa de germinação). Um rendimento anual de

1 Lakh pode ser obtido através de um hectare de terra cultivada.

Neptunia oleracea Lour. é um bio-recurso de rendimento como cultura comercial significativa em Manipur (Índia). As práticas sistemáticas de cultivo podem ser uma fonte de rendimento para as culturas de rendimento em lagos de herdade, bem como em explorações agrícolas de grande escala. A propagação em grande escala é necessária para aumentar a economia do Estado (Devi Sundari et al., 2018).

A perda ou ganho da produção da cultura da mimosa aquática é avaliada pela análise económica e é expressa em rendimento/ha. O retorno bruto, o retorno líquido e a relação custo-benefício mais elevados são observados no tratamento S5T2 (4,5 pés x 1,5 pés) com o método de corte de raízes), ou seja, Rs 1.014.886/ha, Rs 843.453/ha e 4,92, respetivamente, seguido pelo tratamento S5T1 (45 pés x 1,5 pés sem corte de raízes), ou seja, 1.001.803/ha. Rs. 832.085/ha e 4,90, respetivamente. O retorno bruto e o retorno líquido mais baixos foram observados no tratamento S9T1. (6 ft. x 2 ft. sem raiz aparada) i.e., Rs. 590,571/ha e Rs. 440, 723/ha respetivamente. O rácio benefício-custo mais baixo é o do tratamento S1T1 (3 pés x 1 pé sem corte de raízes), ou seja, 2,76 (Dinamani et al., 2020).

Os nossos estudos revelados

Análise custo-benefício do cultivo de mimosa aquática (Área 0,46 acre) (Revisto com base na taxa de mercado atual, 2024).

Total das despesas efectuadas = 9 670 rupias = 107,09 euros

Rendimento da venda de mimosa de água em 5 meses = Rs. 9,00,000/- = 9966.73 € (euro)

Ganho líquido em 5 meses = Rs 9,00,000 - Rs 9670 = Rs. 8,90,330/- (aprox.) = 9859.64 € (euro)

Análise custo-benefício para o cultivo de arroz (Área 0,46 acre) (Revisto com base na taxa de mercado atual, 2024)

Total das despesas efectuadas = 18 890 Rs. = 209,19 € (euros)

Rendimento total da venda de arroz = Rs. 4,87,500/- = 5398.64 € (euros)

Ganho líquido = Rs. 4,87,500 - Rs. 18,890 = Rs. 4,68,610/- (aprox.) = 5189.45 € (euro)

A análise de custo-benefício do cultivo de mimosa aquática e do cultivo de arroz no mesmo acre revelou que o cultivo de mimosa aquática pode gerar mais rendimento do que o cultivo de arroz. Isto sugere que os agricultores poderiam iniciar a plantação de mimosa aquática nas suas terras cultivadas não utilizadas, a fim de gerar rendimentos sustentáveis.

Foram realizados quatro (4) programas de formação e demonstração para os representantes de ONG, agricultores marginais e agricultores do programa das áreas-alvo. No total, 219 voluntários receberam formação sobre a tecnologia de propagação em massa de mimosa aquática como legumes para a geração de rendimentos sustentáveis pela secção mais fraca das áreas propensas a inundações de Ithai Barrage em Manipur (Índia).

CAPÍTULO - 7

Resumo e conclusão

A associação simbiótica *Neptunia prostrata* - nódulo radicular foi estudada e analisada em pormenor. Os nódulos foram isolados, identificados e o seu efeito na planta mimosa aquática foi avaliado. Os efeitos de diferentes concentrações de fontes químicas e orgânicas de N na associação simbiótica entre *Rhizobium leguminosarum* MTTC10096 - *Neptunia prostrata* (Lam.) Baill, produção de biomassa vegetal, acumulação de azoto, etc., foram também investigados. Foram determinadas as doses óptimas de fertilizante químico e de adubo orgânico para a produção sustentável de *Neptunia prostrata*. Foram isolados e identificados insectos pragas e fungos patogénicos de *Neptunia prostrata*. Foram concebidos métodos de gestão integrada de pragas para os fungos patogénicos associados à *Neptunia prostrata* com um extrato aquoso de certos fitoextratos e certos fungicidas químicos. O resultado das presentes investigações pode ser resumido da seguinte forma:

1. Os métodos de preservação e propagação através do corte de caules foram praticados para a produção em massa de plântulas, mas para medidas a longo prazo, a preservação através de sementes foi preferida.
2. Durante a época baixa, foram praticados três métodos de conservação: **água pouco profunda, flutuação e lama** para a produção em massa de plântulas. O método de água rasa apresentou o melhor resultado, embora seja difícil de manter, pois necessita de cuidados constantes.
3. Verificou-se que *Rhizobium leguminosarum* (MTTC n.º 10096) estava associado a *Neptunia prostrata* no estado de Manipur, formando um nódulo indeterminado de forma cilíndrica.
4. A relação simbiótica única entre a simbiose *Rhizobium-Neptunia prostrata* começou com a entrada do rizóbio através da cavidade natural da ferida, como a fissura criada durante a emergência das raízes laterais.
5. A bactéria entrou através dos espaços intracelulares entre duas células adjacentes que se infectaram intracelularmente a partir de uma estrutura tubular e formaram filamentos de infeção intracelular dentro das células do nódulo. O fio de infeção alargou-se na ponta do túbulo, dando origem a uma gota de infeção.
6. A bactéria migrou então do lúmen da gotícula de infeção para o citoplasma das células nodulares do hospedeiro. A bactéria multiplicou-se então por fissão binária, ocupando toda a matriz das células hospedeiras.
7. Foi estimada a eficácia do isolado de nódulos para o azoto atmosférico possível e foi avaliado o seu efeito no crescimento e na produção de biomassa da planta. A planta inoculada teve um aumento de cerca de 41,8% no

comprimento dos rebentos e de 43,3% na biomassa total em relação às amostras não inoculadas. O estudo das propriedades bioquímicas das amostras de plantas revela que houve um aumento de 458,3% em N (%) por amostras de plantas secas na planta inoculada em relação à não inoculada.

8. As propriedades bioquímicas do solo após 10 semanas de plantação mostram que houve uma redução de 10,20% no N total na rizosfera em plantas inoculadas e um aumento de 71,42% no N total em relação ao solo pré-plantado.

9. Foram investigados os efeitos da ureia e do composto de estrume de quinta como fonte de N na associação simbiótica entre *Rhizobium leguminosarum* MTTC10096 - *Neptunia prostrata* (Lam.) Bail., na produção de biomassa vegetal, na acumulação de azoto, etc., em três concentrações diferentes numa cultura em solo argiloso.

10. O N total tanto na ureia como no composto de estrume de quinta eram de igual proporção, mas a aplicação de composto de estrume de quinta como fonte principal de N foi mais benéfica no desempenho geral da planta *Neptunia prostrata*. O número de nódulos e a biomassa foram muito deprimidos, mas o comprimento e o peso da planta mostraram um ligeiro aumento com a maior concentração de N em todas as amostras.

11. Uma concentração mais elevada de ureia teve um efeito mais negativo no número de nódulos e na biomassa do que o composto de estrume de quinta, em comparação com o controlo. A aplicação de uma concentração elevada de N reduz drasticamente o número de nódulos radiculares e a biomassa nas plantas, indicando o efeito inibitório do N na simbiose.

12. As plantas também mostram uma melhor acumulação percentual de N na aplicação de composto de estrume de quinta do que de ureia. Diferentes concentrações de fonte de N tiveram diferentes taxas de acumulação de N na planta. Uma concentração mais elevada de N do solo resultou em taxas de acumulação mais elevadas, mas após uma determinada concentração mais elevada, a acumulação de N diminui drasticamente.

13. O desempenho geral da planta foi mais pronunciado com a aplicação de composto de estrume de quinta como fonte de N. Tal pode dever-se à presença de outros nutrientes vitais no composto de estrume de quinta, para além do N, essenciais tanto para a planta hospedeira como para o microssimbionte. Além disso, o composto de estrume de quinta tinha diferentes formas de compostos de N (por exemplo, nitrato, amoníaco devido a resíduos metabólicos, decomposição microbiana, etc.) que as plantas absorvem prontamente e que podem ter influenciado grandemente os resultados.

14. *A Neptunia prostrata* pode ser propagada através de estacas de caule ou de sementes, mas o método convencional de horticultura para a propagação em

massa de plântulas é através de estacas de caule. A propagação através de sementes foi considerada trabalhosa e demorada. Apenas uma plântula por semente era reproduzível. No corte do caule, um grande número de plântulas pode ser propagado num curto espaço de tempo. Pelo menos 2-3 rebentos brotaram de uma secção internodal, de modo que se obtiveram 5-10 plântulas por cada caule.

15. Foram utilizados três métodos de plantação para a cultura em massa de *Neptunia prostrata*. A resposta de rendimento da planta foi mais ou menos a mesma em todos os três métodos empregues.

16. Foram determinadas as taxas óptimas de aplicação de fertilizantes com NPK sintético 60:40:40 e composto de estrume de quinta para a produção sustentável de *Neptunia prostrata.*

17. na aplicação de fertilizantes químicos (NPK), o aumento de concentrações mais elevadas de fertilizantes químicos resultou na diminuição progressiva do crescimento das plantas e da produção de biomassa vegetal. No caso do fertilizante químico, a melhor combinação de tratamentos foi 65 mg: 75 mg: 37,5 mg (NPK) kg^{-1} solo com 10^8 células ml^{-1} *isolado de Rhizobium*, que exibiu um aumento de 139,8% e 389,2% no comprimento e peso dos rebentos, respetivamente, em relação ao controlo. No entanto, no tratamento com composto de estrume de quinta, o melhor tratamento foi mostrado pela maior quantidade de composto de estrume de quinta, que apresentou um aumento de 176,9% no comprimento dos rebentos e de 375,2% no peso dos rebentos em relação ao controlo.

18 A aplicação de composto de estrume de quinta para o cultivo de *Neptunia prostrata* (para legumes, forragem ou como adubo verde) aumenta consideravelmente o crescimento de *Neptunia prostrata*, enquanto o fertilizante sintético foi benéfico a baixa concentração, mas o aumento das taxas de aplicação de fertilizante sintético nem sempre foi promocional.

19 Foram observados três insectos pragas de *Neptunia prostrata, nomeadamente Spodoptera litura* Fabricius, *Eurema hecabe* Fabricius e *Euproctis fraterna* Moore, que danificaram a planta com diferentes graus de infestação. Estas três pragas de insectos estavam geralmente activas durante o período de cultivo, ou seja, de maio a agosto.

20 Foram isolados e identificados dois fungos patogénicos de *Neptunia prostrata, nomeadamente Fusarium oxysporum* var. *aurantiacum* (Link.) e *Alternaria alternata* (Fr.) Keissler.

21 Os controlos biológicos de doenças fúngicas de *Neptunia prostrata* foram avaliados utilizando 9 (nove) fitoextratos de determinadas plantas medicinais com diferentes graus de inibição do crescimento do agente patogénico fúngico.

A percentagem mais elevada da taxa de inibição do crescimento de *Fusarium oxysporum* var. *aurantiacum* foi observada a partir do fitoextrato de *Allium tuberosum*, seguido de *Tamarindus indica* e *Vitex trifolia*, respetivamente. *O Allium tuberosum* apresentou a maior atividade antifúngica contra a *Alternaria alternata*, seguido do *Zingiber officinale* e do *Tamarindus indica, respetivamente.*

22 Para a gestão integrada das doenças fúngicas de *Neptunia prostrata,* foram utilizados três fungicidas químicos (Carbendazim 50% W.P., Mancozeb 75% WP. e Thiophanate methyl 70% W.P.), nos quais se observou uma atividade antifúngica significativa contra o agente patogénico testado.

23 . Carbendazim 50% W.P exibiu o melhor resultado contra *Fusarium oxysporum* var. *aurantiacum* que mostrou 100% de inibição mesmo na concentração mais baixa testada.

24 Para o controlo de *Alternaria alternata* (Fr.) Keissler, o melhor resultado foi demonstrado pelo Mancozeb 75% W.P., no qual se observou uma inibição de 100% do crescimento a uma concentração de 0,1%.

25 O resultado do trabalho de Lee et al. (2019) poderia ajudar a validar a contribuição dos compostos fenólicos para as bioactividades estudadas de *Neptunia oleracea* Lour.

26 . O trabalho de Bhumireddi et al., (2022) destaca o extrato metanólico de *Neptunia oleracea* Lour. como um promissor agente anticancerígeno.

27 . *Neptunia prostrata* (Lam.) Baill. Syn. *Neptunia oleracea* Lour. tem sido utilizada em diferentes tipos de remédios como gastrite, acidez, prisão de ventre, disenteria e também possui atividade heptaprolectiva, analgésica e anti-microbiana.

28 A análise de custo-benefício do cultivo de mimosa aquática e do cultivo de arroz na mesma área revelou que o cultivo de mimosa aquática pode gerar mais rendimentos do que o cultivo de arroz.

29. No total, 219 estagiários receberam formação sobre a tecnologia de propagação em massa de mimosa aquática como produtos hortícolas para a obtenção de rendimentos sustentáveis pela secção mais desfavorecida das zonas de Ithai Barraige propensas a inundações na região de Indo-Myanmar (Manipur). Por conseguinte, recomendou-se a propagação em massa de mimosa aquática nas terras cultiváveis inundadas para os agricultores dos 15 círculos eleitorais da Assembleia em Thoubal, Bishnupur e partes de Imphal West do Estado de Manipur como produtos hortícolas para a geração de rendimentos sustentáveis.

30. a mimosa aquática não é apenas um meio de geração de rendimentos para as partes interessadas (povos indígenas do Sudeste Asiático - Bankok (Tailândia),

Hanói (Veitnam), Cidade de Ho Chi Minh (Vietname) e Phnom Penh (Camboja) e Leste da Ásia do Sul (Índia em particular, Nordeste da Índia e China), mas é também um alimento importante (cozinhado ou não cozinhado).

Pode concluir-se que *a Neptunia prostrata* (Lam.) Baill. foi encontrada no Leste do Sul e Sudeste Asiático, formando uma simbiose única de nódulos radiculares com *Rhizobium leguminosarum* (MTTC n.º 10096), formando um nódulo indeterminado de forma cilíndrica típica no ecossistema aquático. A infeção por *Rhizobium* teve efeitos positivos no crescimento das plantas, na produção de biomassa e na acumulação de N.

Do ponto de vista agronómico, observou-se que a aplicação de uma elevada concentração de fertilizantes nem sempre é benéfica para a planta, bem como para o ambiente. Além disso, a investigação sobre pragas de insectos e agentes patogénicos fúngicos revelou que estas pragas danificam a planta, afectando gravemente a sua produtividade. O presente estudo sobre as doenças fúngicas da planta mimosa aquática e as suas práticas de gestão utilizando diferentes fitoextratos poderia ser transferido para o nível dos agricultores para um desenvolvimento económico sustentável. Sugere-se a realização de mais estudos.

Literatura citada

1) Abdul Wahab, A.M.; Zahran, H.H.; Abd-Alla, M.H. (1996). Infeção do pelo da raiz e nodulação de quatro leguminosas de grão afectadas pela forma e pelo tempo de aplicação do fertilizante azotado. Folia Microbiol 41(4): 303-308.

2) Abulude, F.O. (2005). Avaliação nutricional de ervas daninhas aquáticas na Nigéria. *Jornal Eletrónico de Química Ambiental, Agrícola e Alimentar* 4(1): 835-840.

3) Ani Syuhaida, A.W.; Norkhadijah, S.I.S.; Praveena, S.M. e Suriyani, A. (2014). A Comparação das Habilidades de Fitorremediação de Mimosa de Água e Jacinto de Água. ARPN *Journal of Science and Technology* 4(12): 722-731.

4) Atabaki, N.; Shaharuddin, N.A.; Ahmad, S.A.; Nulit, R. e Abiri, R. (2020). Avaliação da água Mimosa (*Neptunia oleracea* Lour.). Eficiência morfológica, fisiológica e de remoção para fitorremediação de água poluída com arsênico. *plantas* 9, 1500; doi: 10.3390 / plantas 9111500 www.mdpi.com/journal/plants

5) Alcantar-Gonzales, G.M.; Migianac-Maslow, A.; Champigny, M.L. (1988). Efeito do fornecimento de nitrato no balanço energético e nas actividades de redução de acetileno e nitrato redutase de nódulos radiculares de soja infectados com *Bradyrhizobium japonicum. CR Acad Sci. Paris,* 307: 145-152.

6) Anónimo (1988). Relatório de identificação sobre o desenvolvimento do lago Loktak, Manipur - Water and Power Consultancy Services (India) Ltd. Kaelish- 26, Kastuba Gandhi Marg, Nova Deli - 1.

7) Anónimo (2016). Mimosa aquática *Neptunia oleracea* Morta e acordada *Neptunia plena*. Governo de Queensland (Austrália).

8) Anokhina, T.Q.; Kochetkov, V.V.; Zeleova, N.F.; Balakshina, V.V. e Boronin, A.M. (2004). *Appl. Bioccchen Microbiol.* 40,568. https://doi.org./10.1023/03: ABIM. 0000046992. 01220.35

9) Barrios, E. e Herrera, E. (1993a). Ecologia da fixação de azoto em *Campsiandra laurifolia* Benth. 595. *In:* Palacios, R.; J. Mora e W.E. Newton (eds.), *New Horizons in Nitrogen Fixation.* Kluwer, Dordrecht.

10) Bhoomannavar, V.S.; Patil, V.P.; Hugar, S.; Nanjappaiah, H.M. e Kalyane, N. (2011a). Actividades anti-úlcera de *Neptunia oleracea* Lour. *Pharmacologyonline* 3: 1015-1020.

11) Bhoomannavar, V.S.; Shivakumar, S.I.; Halliheri, C.S. e Helapakki, B.C. (2011b). Atividade Hepatoprotectora das Folhas de *Neptunia oleracea* Lour. em Ratos Induzidos por Carbontetracloreto. *Jornal de Pesquisa de Biológica Farmacêutica. Ciências Biológicas e Químicas.* 2(2): 309-314.

12) Bhoumik, S. e Datta, B.K. (2012). Análise elementar de algumas hidrófitas etnomedicinalmente importantes e plantas de pântano da Índia usadas na medicina tradicional. *Asian Pacific Journal of Tropical Biomedicine* S1227-S1231.

13) Bhumireddy, A.; Nellore, K. e Alapati, K.S. (2022). Atividade anticancerígena dos extractos metanólicos de *Neptunia oleracea*. *Pesquisa de Produto Natural* (Anteriormente *Cartas de Produto Natural*) 36 (4): 1053-1057.

14) Bhunia, D. e Mondal, A.K. (2012). Análise Sistemática (Morfologia, Anatomia e Palinologia) de uma Planta Medicinal Aquática Mimosa d'água (*Neptunia oleracea* Lour.) no leste da Índia. *Jornal Internacional de Ciências da Vida Biotecnologia e Pesquisa Farmacêutica* 1, 290-319 . http://www.ijlbpr.com/currentissue.php

15) Bishop, P.C.; Evan, H.J.; Daniel, R.M. e Hampton, R.O. (1975). Provas imunológicas da capacidade do *Rhizobium japonicum de* vida livre para sintetizar uma parte do componente da nitrogenase. *Biochim. Biophys. Ata,* 381: 248-256.

16) Brewin, N.J. (1991). Development of the Legume Root Nodule (Desenvolvimento do Nódulo da Raiz da Leguminosa). *Revisão Anual de Biologia Celular,* 7: 191-226.

17) Butler, M.S. (2004). O papel da química dos produtos naturais na descoberta de medicamentos. *J. Nat. Prod.* 67(12): 2141-2153.

18) Champigny, M.L.; Van Ouy, L. e Moyse, A. (1985). Estudo do efeito do nitrato na simbiose entre soja (*Glycine max* L. Meer.) e *Rhizobium japonicum* com e sem nitrato redutase induzível. *CR Acad Sci. Paris*, 300: 19-23.

19) Csutlhes, S. (2016). Mimosa d'água - *Neptunia oleracea* Morta e acordada - *Neptunia plena.* Governo de Queensland, Austrália (CCBY): 1-14 Pp.

20) D'Souza Marie. (1985). Um livro sobre medicina tribal. Pub. Soc. For Promotion of Wastc land Dcvclopmcnt, Ncw Dclhi.

21) Dangwal, L.R.; Sharmav Antima; Kumar Naveen; Rana, C.S. e Sharma, U. (2010). Botânica etno-médica de algumas Angiospermae aquáticas do Noroeste dos Himalaias. *Investigador,* 2(4).

22) Deb, D.B. (1961). Dicotyledonous Plants of Manipur Territory (Plantas dicotiledóneas do território de Manipur). Bull. Bot. Survey. India, 3(3 & 43): 253 - 350.

23) Das, H.B.; Majumdar, K.; Datta, B.K.; Ray, D. (2009). Usos etnobotânicos de algumas plantas pelas tribos Tripuri e Reang de Tripura. *Nat. Prod. Radiance* 8(2): 172-180.

24) De Lajudie, P.; Laurent-Fulele, E.; Willems, A.; Torck, U.; Coopman, R.; Collins, M.D.; Kersters, K.; Dreyfus, B. e Gillis, M. (1998a). "*Allorhizobium undicola* gen. nov., sp. Nov., bactérias fixadoras de azoto que nodulam eficientemente *Neptunia natans* no Senegal." *International Journal of*

Systematic Bacteriology, 48(4): 1277-1290.

25) Deb, P. Kr.; Das, S.; Bhaumik, K.N.; Ghosh, R.; Ghosh, T.K. e Bhakta, T. (2013). Investigação farmacognóstica e fitoquímica preliminar de *Neptunia prostrata* L. *Journal of Pharmacognosy and Phytochemistry* 2 (3): 5-11.

26) Deb. D.B. (1961). Dicotyledonous Plants of Manipur Territory (Plantas dicotiledóneas do território de Manipur). Bull. Bot. Survey. India, 3(3&4): 253-350.

27) Debelle, F. e Sharma, S.B. (1986). Nucleotide sequence of *Rhizobium meliloti* RCR2011 genes involved in host specity of nodulation. *Nucl. Acid Res,* 14: 7453-7472.

28) Devi Sundari N.; Singh, Kh. S. e Chanu, O.P. (2018). Planta sensível à água (*Neptunia oleracea* Lour.): Um Bio-Recurso de Renda como uma Cultura de Dinheiro Significativa em Manipur. *Revista Internacional de Pesquisa Científica e Revisões* 7(1): 530-534.

29) Dinamani, M.; Singh, L.N.; Dinachandra, M. e Devachandra, N. (2020). Análise econômica em diferentes espaçamentos de cultivo de Mimosa de água (*Neptunia prostrata* L.) sob condição de vale de Manipur. *Int.J.Curr.Microbiol.App.Sci* 9(7): 2749-2755.

30) Dipankar, D.; Datta, B.K.; Debbarma, J. e Deb, S. (2016). *J. Biol. Diversity,* 17, 256 https://doi.org/10.13057/biodiv/d170137

31) FAO (1999). O sector dos produtos hortícolas na Tailândia - uma análise Publicação RAP 1999/38

32) FAO (2017). Standy de fundo temático n.º 5: Recursos genéticos para macrófitas de água doce cultivadas: A Review. (Subcomité de Aquacultura). Roma, 24-27. COFI: AQ/IX/2017/SBD.7.E

33) Gaur, Kh.; Mohapatra, L. e Sharma, N. (2021). Plantas aquáticas indianas como opções terapêuticas prospectivas. *Journal of Tianjin University Science & Technology* ISSN (online): 0493-2137. Vol. 54(7): 525-551.

34) Ghosh, R.; Jajo, H. e Acharya, PC. (2017). Uma visão geral da *Neptunia prostrata*: Uma fonte de fitoterapia de importância etnofarmacológica. *Jornal Global de Farmácia e Ciências Farmacêuticas.* 2(1): 1-3 (GJPPS. MS. ID. 555577.

35) Giannakis, C.; Nicholas, D.J.D. e Wallace, W. (1988). Utilização de nitrato por bacteróides de *Bradyrhizobium japonicum* no nódulo da raiz da soja. *Planta,* 174: 51-58.

36) Gordon, J.K. e Brill, W.J. (1972). Mutantes que produzem nitrogenase na presença de amoníaco. *Proc. Nat. Acad. Sci.* USA. 69: 3501-3503.

37) Gross, E.; Cordeiro, L.; Cactano, F.H.; (2002). Ultraestrutura de nódulos e crescimento inicial de plantas de *Anadenanthera peregrina* (L.) Speg.var.

falcata (Benth.) Altschul infectadas com Rhizobia. Ann of Bot 90: 175-183.

38) Hei, Z.; Xiang, H.; Zhang, J.; Liang, K.; Zhong, J.; Li, M. e Lu Yuqing (2021). O cultivo intercalar de arroz com Mimosa d'água (*Neptunia oleracea* Lour.) Pode facilitar a utilização do N do solo e aliviar a perda aparente de N. Agriculture, Ecosystem & Environment 313, 15 de junho: 1-5 (107378).

39) Hei, Z.; Xiang, H.; Zhang, J.; Liang, K.; Zhong, J.; Li, M. e Ren, X. (2022). Intercruzamento de arroz e Mimosa d'água (*Neptunia oleracea* Lour.): Um novo modelo para controlar pragas e doenças e melhorar o rendimento e a qualidade dos grãos, reduzindo a aplicação de fertilizantes N. *Agricultura* 12, 13. https//doi.org/10.3390/agriculture12010013 pp. 1-17.

40) Hei, Z.; Xiang, H.; Zhang, J; Liang, K.; Zhong, J; Li. M. e Ren, X. (2022). O cultivo misto de arroz e Mimosa d'água (*Neptunia oleracea* Lour.) Aumenta a eficiência fotossintética do arroz, o rendimento, a qualidade dos grãos e os nutrientes disponíveis no solo. *J. Sci. Food Agric.* www.socio.org (willeyonlinelibrary.com) DOI 10.1002/Jsfa.11744

41) Hirsch, A.M. (1992). Biologia do desenvolvimento da nodulação de leguminosas. *New Phytol,* 122: 211-237.

42) Igoli, J.O.; Ogaji, O.G.; Tor-Anyiin, T.A. e Igoli, N.P. (2005). Medicina tradicional pré-prática entre o povo Igede da Nigéria. Parte II. Afr. J. Trad. Cam, 2(2): 134-152.

43) Ita, E.O. (1994). *Aquatic plants and wetland wildlife resources of Nigeria,* FAO, Roma.

44) Jadav, D. (2006). Plantas etnomedicinais utilizadas pela tribo *Bhil* de Bibdod, Madhya Pradesh. *Indian Journal of Traditional Knowledge* 5(2): 263-267.

45) Jain, A. e Singh, H.B. (2012). Dependência da comunidade em zonas húmidas no Hotspot de Biodiversidade Indo-Burma - Um estudo de caso de Manipur, Nordeste da Índia. LAMBERT Academic Publishing, GmHh, Alemanha

46) James, E.K.; Sprent, J.T.; Sutherland, J.M.; Mc Inray, S.G. e Minchin, F.R. (1992a). The structure of nitrogen fixing root nodules on the aquatic mimosoid legume *Neptunia plena. Annal of Botany,* 69: 173-180.

47) Jones, M.H. e Csurhes, S. (2008). Avaliação do risco de pragas de plantas: Water mimosa *Neptunia oleracea* dead and awake *Neptunia plena,* Biosecurity Queensland Department of Primary Industries and Fisheries, Queensland, Brisbane.

48) Jugindro Singh, A. (1982). Vegetables in Manipur Publicado por A. Ibomcha Singh, Mongsangei, Imphal Distribuído por Punshi Marup, Chingngamakha, Imphal - 8, Manipur, Índia.

49) Jugindro Singh, Kh. (2018). A Barragem de Ithai de Manipur: Seus impactos emergentes no ecossistema e antropogênico para as áreas de captação IOSR *Journal of Humanities and Social Science* (IOSR-JHSS) Vol. 23 (5) Ver 6. :67-72.

50) Kabui, G. (Edn.) (1993a). Ithai Barrage - A Boon as Scourge for Manipur. Publicado pela All Manipur Ithai Barrage People Organization, Manipur pp 92.

51) Kamei, G. (1993b). "Hijam Tombi, Ex. V.C., Manipur University from Ithai Barrage, A Boon or Scourge for Manipur.

52) Koo, S.K.; Chin, Y.W.; Kwon, Y.W. & Cung, H.A. (2000), Common weeds in Vietnam, Agriculture Publishing House, Vietnam.

53) Kumar, S.; e Narain, S. (2010). Remédios à base de plantas de macrófitas de zonas húmidas na Índia. *Revista Internacional de Ciências Farmacêuticas e Biológicas* Vol. 1(2)\

54) Ladha, J.K.; Pareek, R.P.; So, R. e Becker, M. (1990). Simbiose do nódulo do caule e suas propriedades incomuns. *Em Nitrogen* Fixation: Achievement and Objectives. Eds. P. M. Gresshoff; L.E. Roth; G. Stacey e W.L. Newton. 633640.

55) Latlou, M. (2013). O sucesso dos produtos naturais na descoberta de medicamentos. *Farmacologia e Farmácia.* 4: 17-31.

56) Lee, S.Y.; Abas, F.; Khalib, A.; Ismail, I.S.; Shaari, K. e Zawawi, N. (2016). Perfil de metabólitos de *Neptunia oleracea* e correlação com atividades antioxidantes e inibidoras de a-glucosidase usando 1H RMN - Metabolômica baseada. *Cartas de Fitoquímica* 16 (Vezes): 23-33.

57) Lee, S.Y.; Ismail, I.S.; Ang, E.L. e Abas, F. (2019). Atividades antioxidantes, inibidoras de a-glucosidase e análise quantitativa por HPLC de compostos fenólicos isolados de *Neptunia oleracea* Lour. *International Food Research Journal* 26(2): 679-688.

58) Lee, S.Y.; Mediani, A.; Nur-Ashikin, A.; Azuana, A. e Abas, F. (2014). Atividades antioxidantes e inibidoras de a-glucosidase da folha e caule de plantas medicinais tradicionais selecionadas. *Jornal Internacional de Pesquisa Alimentar* 21: 165-172.

59) Lee, S.Y.; Mediani, A; Ismail, I.S.; Maulidiani e Abas, F. (2019). Inibidores antioxidantes e de a-glucosidase das frações de *Neptunia oleracea* usando a abordagem metabolômica baseada em 1H RMN e UHPLC - MS / MS Analysis. *BMC Complementary and Alternative Medicine.* https.//doi.org/10.1186/S12906-018-2413-4

60) Lee, S.Y.; Mediani, A; Maulidiani, M.; Khalib, A.; Ismail, I.S.; Zawawi, N. e Abas, F. (2018). Comparação de Mínimos Quadrados Parciais e Florestas Aleatórias para Avaliação da Relação entre Fenólicos e Bioatividades de *Neptunia oleracea. Jornal da Ciência da Alimentação e Agricultura* 98: 240252.

61) Loureiro, M.D.; De Faria, S.; James, E.K.; Pott, A. e Franco, A.A. (1994). Nódulos caulinares fixadores de nitrogénio da leguminosa *Discolobium puchellum* Benth. *New Phytol*, 128: 283-295.

62) Luczaj, L.; Lamxay, V.; Tongchan, K.; Xayphakatsa, K.; Phimmakong, K.; Radavanh, S.; Kanyasone, V.; Pietras, M. e Karbarz, M. (2021). *J. Ethnobiol. Ethnomed.,* 17, 6 https://doi.org/10.1186/s13002-020-00423-y

63) Majumdar, K.; Datta, B.K.; Das, H.B. e Ray, D. (2009). Usos etnobotânicos de algumas plantas pelas tribos Tripuri e Reang de Tripura. Natural Product Radiance 8 (2): 172-180.

64) Mediani, A.; Abas, F.; Khatib, B.; Tan, C.P.; Ismail, I.S.; Shaari, K. e Lajis, N.H. (2015). Relação entre a composição de metabólitos e atividades biológicas de extratos de *Phyllanthus niruri* preparados por diferentes métodos de secagem e extração de solventes. *Alimentos vegetais para nutrição humana* 70(2): 184-192.

65) Mishra, V.K. e Tripathi, B.D. (2008).... Bioresource Technol. 99, 7091; https:/doi.org./10.1016/j.biotech. 2008. 01.002.

66) Nakamura, Y.; Murakami, A.; Koshimizu, K. e Ohigashi, H. (1996). Identificação de Pheophorbide "a" e seus Compostos Relacionados como Possíveis Promotores Anti-Tumer nas Folhas de *Neptunia oleracea. Biociência, Biotecnologia e Bioquímica*. 60 (6): 1028-1030.

67) Nguyen, Th.Q.; Nguyen, H.N.M.; Ngo, D.H.; Phan, P.H. e Vo, TH.S. (2022). A atividade supressora do extrato de Mimosa de água em células de câncer gástrico humano. *Appl. Sci.* 12, 6817. https://doi.org/10.3390/app12136817

68) Ogle, B.M.; Tuyet, H.T.; Duyet, H.N. e Dung, N.N.X. (2003). Food, feed or medicine: the multiple functions of edible wild plants in Vietnam. *Botânica Económica*, 57(1): 103-117.

69) Ong, H.C. (2008). Vegetables for Health and Healing (Legumes para a Saúde e a Cura). Publicação Utusam, Kuallampur, Índia, pp. 187.

70) Paisooksantivatana, Y. (1993). *Neptunia oleracea* Loureiro, *Recursos* Vegetais *do Sudeste Asiático. No. 8. Vegetables*, JS Siemonsma & K. Piluck (eds), 21718, Pudoc, Wageningen, Países Baixos.

71) PAPUSSA (2003). (Production in Aquatic Peri-Urban Systems in South East Asia) - A Users Mannual for the Cultivation of Commercially Important Edible Aquatic Plants in and around 4 Cities in SE Asia. INCO: Projectos de Cooperação Científica Internacional (1998-2002) Número de contrato: ICA4-CT2002-10020. Página inicial do projeto: http://www.papussa.org

72) Patwardhan, B; Vardya, ADB e Chorghade, M. (2004). Ayurveda and Natural Products Drug Discovery. *Current Science* 86 (6): 789-799.

73) Paul, S.B., Choudhury, S.N. e De, B. (2012). Elueidetion estrutural de um composto bioativo das folhas de *Neptunia prostrata. Jornal Asiático de Química* 24(4): 1469-1472.

74) Rebecca, H. (2019). Fatos, cuidados e guia de plantio da Mimosa d'água (*Neptunia oleracea*). https://pondinformer.com/water-mimosa-neptunia-oleracra/

75) Rivas, R.; Willrms, A.; Subba-Rao, N.S.; Mateos, P.F.; Dazzo, F.B.; Kroppenstedt, R.M.; Martinez-Molina, E.; Gillis, M. e Velazquez, E. (2003). "Descrição de *Devosia neptunia* sp. Nov. que nodula e fixa azoto em simbiose com *Neptunia natans*, uma leguminosa aquática da Índia". *Systematic and Applied Microbiology,* 26(1): 47-53.

76) Rivas, R,; Velazquez, E.; Willems, A,; Vizcaino, N.; Subha-Rao, N.S.; Meteos, P.F.; Gillis, M.; Dazzo, F.B. e Molina, E.M. (2002). Uma nova espécie de *Devosia* que forma uma simbiose única de raízes e nódulos fixadores de azoto com a leguminosa aquática *Neptunia natan* (L.f.) Druce. *Applied and Environmental Microbiology*, 68(11): 5217-5222.

77) S. Kumar e S. Narain, *Int. J. Pharma Bio Sci.*, 1, 1 (2010).

78) Sagolshemcha, R. (2012). Certos aspectos biotecnológicos de *Neptunia prostrata* (Laim.) Baill. - Simbiose do nódulo da raiz e seu manejo de pragas em Manipur. Tese de doutoramento. Tese (Ciências da Vida), Universidade de Manipur, Imphal - 795003 (Índia). 124 P.

79) Sagolshemcha, R. e Robindro Singh, W. (2017). Usos tradicionais e biológicos de *Neptunia oleracea* Lour: An Overview. *Revista Internacional de Investigação Atual* 9(6): pp. 51689 - 51694.

80) Satam, Neeta (2017). Manipur: Barragem de Ithai ameaça a zona húmida de Loktak - Reporting Felow, edição de dezembro.

81) Salguero, C.P. (2003). *A Thai herbal traditional recipes for health and harmony* (Ed. Barton, L.). Findhorn Press, Escócia.

82) Sasidharan, S; Chen, Y.; Saravanan, D.; Sundram, K.M. e Yaga, L.L. (2011). Extração, Isolamento e Caracterização de Compostos Bioactivos de Extractos de Plantas. *Agri. J. Tadet Complement Altern Med.* 8(1): 1-10.

83) Saupi, N.; Zakaria, M.H.; Bujang, J.S. e Arshad, A. (2015). A Composição Proximada e o Conteúdo Mineral de *Neptunia oleracea* Lour. Uma planta aquática da Malásia. *Emir J. Food Agric* 27(3): 266-274.

84) Schaede, R. (1940). Dieknollchen deradvertiven, Wassenwurzeln. Von *Neptunia oleracea* und ihre Bakterien Symbiose. *Planta,* 31: 1-21.

85) Seal, T.; Chansdhuri, K. e Pillai, B. (2013). Avaliação da composição proximal e mineral de folhas comestíveis selvagens, tradicionalmente usadas pela população local do estado de Meghalaya na Índia. *Jornal Asiático de*

Ciências Vegetais 12(4): 171-175.

86) Singh H.B.; Singh, R.S. e Sandhu, J.S. (2003). *Herbal medicine of Manipur: A colour encyclopedia.* Daya Publishing House, Delhi. 27.

87) Singh, N.I. (2017). Ekai Thabi - uma cultura comercial de vegetais aquáticos em Manipur. (In) O Sangai Express, 20 de setembro de 2017.

88) Singh, N.I.; Singh, A.I. e Singh, A.H. (2010). Technology Development for Mass Propagation of Water Mimosa [*Neptunia prostrata* (Lam.) Baill.] as Vegetables for Sustainable Income Generation by the Weaker Section in Manipur. Relatório técnico final (1-11-2006 a 31/10/2009) apresentado ao Conselho de Investigação Científica e Industrial, Nova Deli - 110012. P. 57.

89) Sloger, C. (1976). Bioquímica da fixação de N2. *Em* World Soybean Research. Ed. L. D. Hill. 125-135. The Interstate printers and Publishers Inc. Danville, Il1.

90) Sonia Devi, O.; Singh, Th. N.; Singh, L.J. e Singh, Th. P. (2021). Importância biológica e fitoquímica de *Neptunia oleracea* Lour. A Mini Review. *Asian Journal of Chemistry* 33(10): 2276 - 2280.

91) Spaink, H.P.; Wijfjes, A.H.M. e Lugtenberg, B.J.J. (1995). *Rhizobium* NodI and NodJ proteins play a role in efficiency of secretion of lipochitin oligosaccharide. *J. Becteriol*, 177: 6276-6281.

92) Sprent, J.I. (1989). Que etapas são essenciais para a formação de nódulos funcionais de leguminosas? *The New Phytologist,* 111(2): 129-153.

93) Subha-Rao, N.S.; Mateos, P.F.; Baker, D.; Pankrazt, H.; Palma, J.; Dazzo, F.B. e Sprent, J.I. (1995). A simbiose única de raiz-nódulo entre *Rhizobium* e a leguminosa aquática *Neptunia natan* (L.f.) Druce. *Planta, 196: 311-320.*

94) Sunita Devi, Th.; Devi, M. Haripriya; Singh, S.S.; Thokchom, R. e Singh, P.K. (2022). Estudos sobre as plantas selvagens comestíveis de zonas húmidas geradoras de rendimento tradicionalmente consumidas pelo povo do distrito de Bishnupur, Manipur. *The Pharma Innovation Journal,* Sp-11(11): 915-920.

95) Suppadit, T.; Phoonchende, W. e Thummaprasi (2008). Eficácia da Mimosa d'água (*Neptunia oleracea* Lour.) nas águas residuais da destilaria Slops. *The Philippine Agricultural Scientist* 91(1): 61-68 pp.

96) Suppadit, T.; Phoonchinda, W. e Bunsjrichai, P. (1995). Tratamento de efluentes de viveiros de camarões por Mimosa aquática (*Neptunia oleracea* Lour.) ISSAAS, 11920, 20-29.

97) Thalang, V. NA; Trakoontivakorn, G. e Nakahara, K. (2001). Determinação da atividade antioxidante de alguns legumes de folha comummente consumidos na Tailândia. JIRCAS *Journal No.* 9: 39-46.

98) Unnithan, L. (2019). Planta aquática comestível e geradora de altos rendimentos: *Neptunia oleracea* (Mimosa d'água) Kreshi Jagaran como

Agricultura Mundial - wikipedia.
99) Vardhana, R. (2008). Utilizações directas de plantas medicinais e sua identificação. Página 242. Pub. Sarup and Sons.
100) Vincent, J.M. (1970). A manual for the practical study of root nodule bacteria. IBP Handbook N 15, Blackwell, Oxford.
101) Wahab, A.; Ismail, S.S.; Abidin, E.Z. e Praveena, S. e Mangala, S. (2014). *Neptunia oleracea* (Mimosa d'água) uma planta de fitorremediação e o risco para a saúde humana: Uma revisão. *Avanços em Biologia Ambiental* 8(15), 187-194.
102) Wahab, A.; Ismail, S.S.; Praveena, S. e Awang, S. (2014). Absorção de Metais Pesados da Água Mimosa (*Neptunia oleracea*) e sua Segurança para o Consumo Humano. *Iranian J. Publ. Health,* 43(3), pp. 103-111.
103) Wildin, J.H.; Kernot, J. and Stockwell, T. (1996), 'Overview: ponded pasture species, establishment and management', PA Pittaway, JH Wildin & CK McDonald (eds), *Beef production from ponded pasture,* Proceedings of a workshop held at Yeppoon, Queensland, April 1993, Pittaway, 81-84.
104) Windler, D.R. (1966). A Revision of the Genus *Neptunia* (Leguminosal). *Australian Journal of Botany,* 14: 379 - 420.
105) Yenkokpam, S. e Devi, Y.R. (2018). Eshing Ekai Thabi - Um vegetal aquático subutilizado de Manipur. *Revista Internacional de Microbiologia Atual e Ciências Aplicadas, ISSN* 2319-7706 Vol. 7(10): 1292-1296.
106) Yumnam, J.Y. e Tripathi, O.P. (2012). Conhecimento tradicional de comer plantas cruas pelos Meitei de Manipur como medicamento / suplemento de nutrientes em sua dieta. *Jornal Indiano de Conhecimento Tradicional.* 11(1): 45-50.

Books Edited/Authored/Co-authored
By
Prof. N. Irabanta Singh
Endemic Bioresources of India
Conservation & Sustainable Development with Special Reference to North-East India
Editor
Prof. N. Irabanta Singh
2007
Parthenium Menace in the Indo-Myanmar Hotspot Region
2017
LAMBERT
Aeromycology over Kachai Lemon Plantation in Eastern Himalayan Region
Its Impact on Fungal Diseases and Management
2022
LAMBERT
Microbial Resources of Indo-Myanmar (Burma) Hot Spot Region
Conservation & Sustainable Development with Special Reference to North – East India
Editor
Prof. N. Irabanta Singh
2017
Wild Edible Fleshy Fungi of Indo-Myanmar Hot Spot Region
Value Addition to Selected Genera for Food & Sustainable Health & Artificial Cultivation for Socio-Economic Development
2022
LAMBERT

German Language

Russian Language

Portuguese Language

Italian Language

French Language

Spanish Language

RESENHA DO LIVRO
FUNGOS CARNUDOS SILVESTRES COMESTÍVEIS DA REGIÃO DO PONTO QUENTE DO INDO - MYANMAR

B.N. Pande

Este livro (publicado pela LAMBERT Academic publishing, Alemanha), apresenta uma extensa informação sobre os "fungos carnudos comestíveis selvagens da região de Indo - Myanmar Hot spot (2022) que abrange o valor acrescentado de géneros seleccionados para alimentação e saúde sustentável e o cultivo artificial para o desenvolvimento socioeconómico".

Para rever o livro, analisei-o criticamente, o qual fornece informações extensas e elaborativas sobre os "fungos carnudos comestíveis selvagens da região do ponto quente da Indo-Mianmar". De facto, o livro é da autoria de quatro autores (N. Irabanta Singh, Th. Chitaranjan Singh, Nivedita Lairenlakpam e M. Babita Devi). No entanto, o primeiro autor, o Professor Dr. N. Irabanta Singh, é o autor sénior. O Prof. Dr. N.I. Singh é natural de Imphal, no Estado de Manipur. Em 1982, obteve o doutoramento em Botânica (Aerobiologia) na Universidade de Guwahati, Guwahati (Assam). Continuou o seu trabalho de investigação no domínio da aerobiologia na fronteira entre a Índia e Mianmar, no Estado de Manipur. Fez também uma revisão de "Fifty years of Aerobiological Research in North East India".

A sua procura de alimentos alternativos para consumo humano levou-o a descobrir mais de 40 (quarenta) espécies de fungos carnudos comestíveis selvagens e a desenvolver tecnologia para o cultivo de *Pleurotus*. Tipos comestíveis importantes foram algumas espécies de *Auricularia, Volvariella, Pluerotus, Schizophyllum, Tricholema gigantium, etc.* Observou-se uma grande diversidade no que respeita aos fungos carnudos com base nas características externas e internas.

O conteúdo do livro está dividido em seis secções. Cada secção tem os respectivos capítulos.

J Secção -1: Capítulo I: Levantamento, recolha e identificação de fungos carnudos da região do ponto quente do Indo-Mianmar.

J Secção - 2: inclui o valor alimentar de certos fungos selvagens comestíveis como *Auricularia* e *Pleurotus.*

J Secção -3: O capítulo 3 revela i) análise fitoquímica e comportamento antioxidante do extrato etanólico de *Pleurotus cornucopiae*, ii) composição química e atividade antioxidante de *Schizophyllum commune*, iii) atividade antioxidante e de eliminação de radicais livres de extractos etanólicos de *Lentinus edodes*, iv) atividade antioxidante *in vitro* e análise fitoquímica de extractos etanólicos de *Lentinus conatus*.

J Secção -4: Estudos culturais sobre o crescimento de certos fungos carnudos comestíveis selvagens que abrangem

a) Estudos culturais sobre o crescimento de *Lentinula lateritia*

b) Cultivo artificial de *Lentinula lateritia*

c) Cultivo artificial de *Auricularia.*

d) Tecnologia de produção artificial de *Auricularia delicata* e

e) Fungos patogénicos encontrados em *Auricularia* spp. e a sua gestão através de extractos de plantas.

f) Cultivo artificial de diferentes *Pleurotus* spp. utilizando certos resíduos agroflorestais como substratos para o desenvolvimento económico sustentável.

g) Produção artificial de *Termitomyces spp*;

h) Análise de nutrientes de *Termitomyces eurrhizus* (Berk.) Heim.

J Secção -5: Cultivo de cogumelos para o desenvolvimento socioeconómico das mulheres rurais.

Abrange os seguintes capítulos:

a) Programas de formação profissional para a produção de cogumelos,

b) Análise custo-benefício da cultura de cogumelos,

c) Capacitação económica das mulheres rurais através de grupos de autoajuda para a produção de cogumelos.

J Secção -6: Frutos comestíveis selvagens - passado e presente.

O capítulo -6 trata da discussão geral

O capítulo 7 é exclusivamente consagrado ao resumo e à conclusão com referências.

Os autores sugeriram meticulosamente recomendações pertinentes.

Os comentários baseados no conteúdo do Livro são:

Os fungos carnudos comestíveis estão entre os melhores alimentos proteicos. O levantamento, a recolha e a identificação de fungos carnudos comestíveis selvagens são de importância primordial para o consumo humano científico e saudável. No entanto, uma identificação e seleção incorrectas podem conduzir a um envenenamento por cogumelos que pode ser fatal. As espécies recolhidas devem ser processadas e estudadas criticamente para a sua identificação correcta com a ajuda de métodos normalizados indicados por Springer (1986), Bilgrami et *al* (1987), etc.

Um total de 6 (seis) *Pleurotus* sp. foram recolhidos e identificados. 6 (seis) espécies de *Pleurotus* sp. disponíveis localmente foram cultivadas em diferentes substratos (palha de arroz, bagaço de cana-de-açúcar, palha de milho, palha de ervilha, fibra de coco, agulhas de pinheiro, casca de arroz, pseudocaule de bananeira, etc.). O seu conteúdo nutricional foi analisado.

O Sr. autor fez uma declaração meticulosa de que o cultivo de cogumelos é uma atividade amiga das mulheres e é uma empresa agrícola que pode ser realizada nos seus períodos de lazer sem perturbar o seu trabalho doméstico.

Este livro, publicado pela LAMBERT Academic Publishing, Alemanha, forneceu informações extensas e intensivas sobre o Grupo de Auto-Ajuda (SHG), que é um marco recente na elevação das mulheres, mais precisamente o Cultivo de Cogumelos pode elevar o Estatuto Socioeconómico das mulheres rurais e também educar os jovens desempregados.

O Revisor é Ex. Professor e Diretor, Ciências Ambientais. Dr. BAM University, Aurangabad (MS) e Professor Eminence, MGM, University, Aurangabad (MS).

Resenha do livro

Fungos carnudos comestíveis selvagens da região do ponto quente da Indo-Mianmar

S.V. Ngachan

Para a revisão, analisei criticamente o livro, que fornece informações extensas e elaborativas sobre os "Wild edible fleshy fungi of Indo-Myanmar hotspot region -Value Addition to Selected Genera for Food & Sustainable Health & Artificial Cultivation for Socio-Economic Development" (Fungos carnudos comestíveis selvagens da região do hotspot Indo-Mianmar - Valor acrescentado a géneros seleccionados para alimentação e saúde sustentável e cultivo artificial para o desenvolvimento socioeconómico), da autoria do Prof. Chitaranjan Singh, Nivedita Lairenlakpam e M. Babita Devi. Este livro (publicado pela LAMBERT Academic publishing, Alemanha, 2022) foi adequadamente descrito e oportunamente documentado sob o aspeto da importância geoecológica e da biodiversidade dos fungos. O Prof. N. Irabanta Singh, na sua longa experiência profissional como professor e investigador de biologia e micologia em particular, produziu uma série de académicos e académicas. De um total de 60 tipos de cogumelos documentados, 42 tipos são comestíveis, o que indica uma flora de cogumelos muito rica. Estes cogumelos naturais descritos no livro são as colecções das condições agro-climáticas das regiões subtropicais a sub-temperadas. Até à data, ninguém compilou o número exato de fungos carnudos comestíveis (cogumelos) da região.

Os autores concentraram os seus estudos na recolha e identificação de fungos carnudos comestíveis selvagens da região do hotspot Indo-Myanmar e caracterizaram 60 espécies em 32 géneros e 18 famílias. Todas as espécies descritas pertencem ao filo - Basidiomycota. Estes fungos carnudos comestíveis locais foram estudados quanto aos seus valores nutricionais e compostos bioactivos para fins de saúde e estudos culturais para cultivo comercial e desenvolvimento socioeconómico. Foi gerada uma vasta informação sobre as potencialidades destes cogumelos, bem como sobre a investigação futura a ser efectuada pelas gerações mais jovens. As revisões estão resumidas e são tratadas por secções.

Secção I

Após uma breve introdução, o capítulo 1 trata principalmente do local de recolha e identificações com nomes locais de cogumelos, juntamente com as suas características, tendo sido descritos 42 cogumelos comestíveis. Destes, foram discutidos 5 (cinco) *Termitomyces* spp. simbiontes de térmitas e as suas relações. Embora os mercados de diferentes cogumelos comestíveis flutuem frequentemente, muitos preços de cogumelos (frescos e secos), como se indica no Quadro 1.1.3, parecem ser os preços de há 15-20 anos atrás. Por exemplo, o preço de *Lentinula edodes*, numa forma seca, não é inferior a Rs. 2000-Rs.3000, atualmente. Para uma melhor compreensão, é necessário ter em conta o preço atual praticado nos mercados locais.

Atualmente, a taxonomia não é simples, baseando-se apenas na caraterização morfológica. Podem surgir diferenças de opinião, por exemplo, o género *Termitomyces*, que está agrupado na família Tricholomataceae, pode ser controverso. Anteriormente, *Termitomyces* foi colocado na família das *Agaricaceae* (sob a ordem Agaricales), outros foram colocados na família *Lyophyllaceae.* No entanto, com base na relação filogenética de várias espécies africanas de *Termitomyces* estudadas pela sua região ITS1-5.8S-ITS2 (Internal Transcriber Spacer Region), este grupo é claramente monofilético e pertence à família Tricholomataceae. Do mesmo modo, para os diferentes géneros e espécies de cogumelos no vernáculo local (Manipuri) é geralmente conhecido como *Chengum*, salvo indicação em contrário. O género *Lentinula* é sinónimo de *Lentinus.* Alguns autores agrupam-nos em polyporaceae e outros colocam-nos na família Tricholomataceae por serem monofiléticos. *O Calocybe indica (*cogumelo leitoso*)* colhido da madeira morta da mangueira é também conhecido como *Tek Tek Pan* em Manipuri, que era considerado uma iguaria para as famílias ricas e reais. Devido às alterações climáticas, à desflorestação e a outros factores, os autores podem não ter conseguido recolhê-lo. Os esforços globais investidos pelos autores foram compensadores em termos de documentação e identificação. Estes documentos permitirão aos futuros investigadores melhorar e modificar as tecnologias no domínio da ciência dos cogumelos.

Secção -II

Quinze (15) espécies de cogumelos comestíveis foram analisadas quanto ao seu teor de proteínas brutas, minerais totais, fibras e gordura. O teor mais elevado de proteína bruta (27,29%) foi registado em *Lentinus connatus* e o mais baixo foi registado (8,89%) em *Auricularia polytricha.*

O teor total de cinzas/minerais dos 15 cogumelos testados varia de 4,75 a 21,00%, sendo o mais elevado obtido em *Gomphus floccosus* (21,00%) e o mais baixo em *Lentinus tigrinus* (4,75%). Da mesma forma, a fibra bruta nestes cogumelos varia entre 3,25% (*Lentinus conatus*) e 13,00% (*Scleroderma verrucosum).*

Quatro (4) *pleurotus*, nomeadamente Pleurotus *ostreatus, Pleurotus flabellatus, Pleurotus eous* e *P. platypus*, cultivados em 9 substratos agro-florestais diferentes, apresentaram resultados encorajadores. Todas as quatro espécies de *Pleurotus* cultivadas em substrato de palha de milho apresentaram o teor médio mais elevado de proteínas brutas de 35,075% e o valor mais baixo de 22,413% em palha de ervilha. O teor de cinzas minerais foi mais elevado na palha de ervilha (11,11%), seguido da palha de arroz (8,875%) e o mais baixo no pseudocaule de bananeira (6,86%). A partir disto, podemos assumir que a seleção do substrato aumenta o teor de nutrientes de qualidade, particularmente a proteína bruta e o teor de minerais totais, ao cultivar diferentes espécies de *Pleurotus spp.*

Secção-III

Os compostos bioactivos de *Pleurotus cornucopiae, Schizophyllum commune, Lantinula edodes, L. connatus* foram extensivamente analisados para análise fitoquímica e comportamento anti-oxidativo. Foram determinados os métodos de preparação dos extractos, o ensaio de eliminação do radical DPPH, a determinação do poder redutor, o fenol, os flavonóides, o 0-caroteno e o licopeno e a estimativa do ácido ascórbico. Os resultados indicam que todas as 4 espécies de cogumelos possuem propriedades antioxidantes com poder de eliminação de radicais livres em diferentes ensaios *in vitro,* incluindo quelação de ferro ferroso, redução de ferro férrico, eliminação de radicais livres DPPH e atividade antioxidante total. A presença de fenóis totais, flavonóides, ácido ascórbico, P-caroteno e licopeno em quantidades variáveis favorece a recomendação destes cogumelos como suplementos alimentares e antioxidantes para utilização na indústria farmacêutica. No entanto, todos os cogumelos medicinais devem ser objeto de estudos farmacológicos, uma vez que não foram realizados muitos estudos. Atualmente, as doenças de origem alimentar, como o cancro, a obesidade, a infertilidade, os problemas cardiovasculares, a hipertensão, a diabetes, os problemas intestinais, etc., estão a aumentar na Índia. Os autores tentaram meticulosamente estudar a qualidade dos cogumelos locais e naturais para fins nutricionais e medicinais.

Secção-IV

Os estudos culturais sobre *Lentinula lateritia* e *Auricularia delicate* foram efectuados em diferentes meios com diferentes pH, temperatura e período de incubação. Os substratos para cultura e esporolação em diferentes fontes de carbono e azoto foram amplamente estudados. Os contaminantes e outros agentes patogénicos fúngicos durante o período de cultivo também foram documentados. Foram sugeridas medidas de controlo para esses concorrentes e agentes patogénicos, embora não sejam eficazes como os fungicidas químicos, os fitoextratos ou os produtos botânicos em diferentes concentrações para uma utilização mais segura da saúde. Foi determinado e trabalhado o rendimento detalhado de 6 *Pleurotus* spp em 11 substratos diferentes e a sua eficiência biológica (E.B.) em percentagem. Isto é importante para o cultivo comercial de diferentes cogumelos.

Foi efectuado um trabalho importante sobre o cultivo de *Termitomyces eurrhizus* em PDA (Potato Dextros Agar) e MEA (Malt Extract Agar). O género *Termitomyces* é um exossimbionte paleotrópico que forma uma associação mutualista com macrotermitinae, um grupo de térmitas comedoras de micélio fúngico. Os autores determinaram o pH e outros minerais tais como cu, Mn, Fe, Zn, Ca, Mg, Na e K de *T. eurrhizus* e dos seus favos de fungos. Estes resultados não só promovem o crescimento das hifas do fungo, como também fornecem ao *Termitomyces* spp. componentes nutritivos semelhantes aos do termitório (pente de térmitas), facilitando assim o cultivo artificial. Embora os métodos de cultivo bem-sucedidos não tenham sido padronizados neste relatório, os autores indicaram a viabilidade do cultivo artificial. Durante a minha conversa com o Dr. N. Irabanta Singh, recentemente, ele mencionou que *o Termitomyces* é um dos cogumelos mais saborosos, com bom sabor e aroma. Isso faz-me lembrar o isolamento de Termitomycesphins como um novo cerebrosídeo destes cogumelos.

Os resultados obtidos com o cultivo de diferentes cogumelos em vários substratos disponíveis localmente durante três anos consecutivos dão-me 100% de confiança de que a região tem potencialidades para aumentar a produção e a produtividade de cogumelos e diminuir a deficiência de nutrientes da população.

Secção-V

Este capítulo trata das actividades de extensão, tais como formações e mobilização de agricultores, conduzidas pelos autores sobre o cultivo de pleurotos. A relação custo-benefício foi elaborada. O empoderamento das mulheres e a elevação socioeconómica através do cultivo de cogumelos foram destacados. As tecnologias geradas pelos autores devem ser levadas aos agricultores, particularmente às mulheres agricultoras. A este respeito, sugere-se a intervenção dos governos estatais num modo de missão.

Secção-VI

Foi documentada uma revisão sobre a diversidade de fungos comestíveis abrangendo o Nordeste da Índia, Bangladesh, Myanmar, Tailândia, Camboja, Vietname, Laos, Malásia, etc. A recolha, a identificação, a distribuição, o cultivo e o seu rendimento foram abordados. O conhecimento tradicional sobre a identificação de cogumelos venenosos e comestíveis também foi discutido.

A conclusão do livro resume os principais resultados da investigação efectuada pelos autores.

O Revisor é Ex. Diretor do Complexo de Investigação ICAR para a Região NEH, Umiam e, atualmente, Professor da Escola de Proteção das Plantas, CPGS-AS, CAU (Imphal), Umiam, Meghalaya.

MIX
Papier aus verantwortungsvollen Quellen
Paper from responsible sources
FSC® C105338

Printed by Books on Demand GmbH, Norderstedt / Germany